高影響力的美感文案學

教你FB、IG、YouTube、LINE上寫出品味變現金的18個精準技巧

我是文案 黃思齊 著

AESTHETIC COPYWRITING

18 Exquisite Skills to Turn Sale Slogans into Cash

前言

運用文案打造品味，為你的商品賣出高價

平凡帶來文案作用力，品味帶來文案「鍍金力」

文字的功能，分為**創作**、**傳達**、**詮釋三種**。

創作類的文字提供的是娛樂跟藝術的鑑賞價值，例如散文、小說、新詩、編劇、歌詞等等。讀者透過參與故事、體驗文字美感來獲得高品質的娛樂。因為文字鋪陳的劇情、氣氛、情節和

美感本身就對讀者有價值，所以表現的型態很重要：怎麼修辭？怎麼別出心裁的產生創意？都會帶給讀者不同的感受、產生不同的價值。

文字的第二種功能是傳達，用來建立認知、傳達訊息，向讀者正確跟清楚的傳達某些知識或資料。簡單、易懂、直白，讓對方看了之後就了解作者想告訴你什麼事。這類文字內容最重要的是正確跟清楚，表達形態和美感相對來說就不是這麼重要，這一類的文案產出有工具書、技術文件、法律文件等等。

最後，當文字用於詮釋的時候，除了客觀理性的證據之外，還包含假設、邏輯推論、利益論述等等不同的內容，這些內容可以立定作者的論點，並說服讀者進行下一步的動作。比如企劃案、補助案、銷售文案、募資文案或是評論，這些既有理性數據又有願景描繪，明確指出利益的文案都屬詮釋。

但並不是每一種廣告文案型態裡面只會包含一個要素，只要是文字內容，都會同時包含創作、傳達、詮釋這三個要素。

而這三個要素中，爲商品增加最多附加價值的，就是創作類的文字。

試想，每當我們無聊的時候，會做的事情是什麼？或許是打打電動、或許是上網、或者看電視、看小說，都是藉由觀賞故事和表達形態來從中獲得樂趣。而在這種漫無目的的瀏覽行爲當中，廣告能幫助這些人脫離苦海的方法是什麼？就是一個清楚、有趣、富吸引力的指示！廣告向消費者說，你們可以去購買產品、參加活動、尋求服務，就能擺脫無聊的時光。

這也是爲什麼會有許多人購買電視購物商品的原因。他們在冗長的無聊空檔中，找到一件能夠抵抗無趣的事件，並且立卽執行。在網路盛行的當時，我們可以不分晝夜二十四小時傳達消息，當電腦、手機成爲大多數人接收訊息的方式時，文字的力量就無比重要。

文字用於講述一個故事、烘托一種氛圍時，它能夠感動人心的力量更甚於單純的傳遞事實與證據。百無聊賴的時候，一本好小說能將這些時光不再只是虛擲、也讓人認同、喜愛、留下深刻的印象。用感動把文案成形，比單純的傳達訊息要來得曲折、間接，但是經過這樣的沉澱，所吸引到的將更是符合我們訴求的群衆、也能藉此建立更長久的關係。

無聊的時候，會主動看廣告的人很少，但是會讀故事、會充實知識的人，我想不少。無聊正好，那是實踐生活美學的絕好時機。

那麼我們爲什麼要尋求有品味的文案？除了剛剛說到文字可以爲商品加上娛樂價值之外，更因爲在華人世界，人們仍然存在「士農工商」的固有觀念，比起太過直白或常見的口吻，有理有據、擁有技術巧思的文字，能夠讓人更信任作者。

而當品牌在銷售中運用有質感且令人感動的文字，則可以將文字的技術價值擴大至商品中，並轉化成銷售行爲，將文字的用途從溝通與說明再進一步提升，成爲爲品牌加值的重要物件。

用文字創造可以深入讀者心坎的品牌印象

在商業行爲中，我們也許可以不去堆砌華麗的文字，但是我們一定要帶給大衆一種共同的感知經驗、一個相同的氣氛，成爲品牌的甜蜜點、感動力來源。

與已經有長期聲量累積的大型企業相比，中小企業尤其需要培養自己的忠誠粉絲。在競爭激烈的市場中，是否能夠獲得新客戶的青睞多是看運氣，但同時也是憑藉一種「投契」的感覺。常說一見如故，在講求人情味的臺灣社會中，要怎麼樣迅速的將自己推銷給別人，一面之緣刹那有沒有感到氣味相投，就特別重要。

要建立氣味相投的感覺，於實體接觸時是看業務的熱情和手腕、而於各種溝通媒材上就是清楚、專業，又表達出處處為顧客著想的立場的行銷素材了。

文案的存在價值，就是能夠輔助業務的不足之處，將企業和品牌所要表達的價值觀清楚的展現給客戶知道。好的業務一出門，當然肩負好產品、好利益推廣給顧客的使命，但是好文案則是在一連串廣告或見面的短兵相接之後，讓新的潛在消費者或許打開企劃書、或許打開網站，把接收到的資訊再度複習、評斷。

想像夜深人靜之餘，未曾謀面的新業主、投資人獨自評估你的產品。各位中小企業啊，這份文案就是你的面貌、你的優勢、你的價值。文案以企業負責人的身分，表達自己去蕪存菁的堅持。

知名的廣告文案大師李奧貝納（Leo Burnett）曾經說過一句話：「每一樣產品本身都具有它與生俱來帶有戲劇性意味的故事，我們的第一件工作是去發掘它，並用它來賺錢。」文案所做的，就是盡己所能的發現每一樣商品不同的趣味之處。

這些有趣的內容當然可以用不同的手法呈現出來，那麼在充斥著創新多媒體的當代社會中，文案對這個世界來說重要嗎？無論是文字、圖片、影音，每一種溝通素材都有它不同的特色。圖片搶眼、影音直觀，但文字則是一種可以提供讀者最多想像空間的溝通方式，也是最不需要設備輔助就可以達成的創意方式。

我們可以說，業務是產品的銷售者，而文案則是品牌和企業的代言人，更甚者，人人可製作，且全年無休。

軟書寫，打動對生活有追求的人

成語裡，雅俗共賞這四個字中，最值得關注的重點是什麼呢？答案並不是通達從眾的「俗」，而是「賞」。對品牌來說，就是產品具備的彈性：可以廣泛賣給一般大眾，也能用高價值與慧眼獨具的買家分享。

在廣告行銷的領域裡，則是策略落地到執行的最後一哩路。有了詳盡的規劃僅稱足夠，用令人欣賞的表現手法來完成它們才是文案真正動人之處。

前些日子裡，不管是運動樂活風氣的吹起、回歸有機的農產或臺灣品牌、甚或崇尚東方禪美學的建築推案，又帶動了清、淺、營造氛圍觸動人心的文案再度復甦，而這也是我偏愛且擅長的書寫風格。

如何利用文字傳達形象各異的品牌氣質，令人印象深刻？在我們從小閱讀的文學作品中，可以很清楚的感知到當文字運用方式不同，心中的想像就會有差異。例如，描寫生活可以豪爽但也沒有失之粗礪，就像武俠小說中北方大俠打尖的客棧，必定還是要矗立在飄揚的細雪當中，不能沒有準備燜得透熟的大塊紅豔豔肥牛肉和斟酒的窈窕姑娘；也可以描寫底層但保持機巧，或像是「恁爸只聽過義氣，沒聽過意義啦！」（出自電影《艋舺》）表現出少年雖然混黑社會，仍要表現專屬青春期的幽默與自我，因此聰明得令人會心一笑。

這種個性強於功能的文案，不斷不斷地出現在追求生活態度、設計美學、穿搭質感、樂活風格的各種商品當中。正因爲它肩負的是風格的塑造，所以小至瓶裝飲料、大至建築推案，都是軟書寫風格的廣告文案適用的範圍。

軟書寫瞄準的，是中產階級、是文化份子，更精確的說，是對自己追求的生活形態有認知的人。

寫到這裡，我想大家也已經知道，文案只是種銷售方法，但是注重品味與風格的文案能夠在見聞者的心中留下深刻印象，塑造我們的生活方式、提升品牌的價值與涵蓋範圍，也讓美學更細膩的深入日常。

目次

PART 2 引起品味消費者行動的要素

PART 3 簡單入門並消除阻礙

PART 4 開始加入理想的品味文案行列

PART 1

為什麼我們需要有品味的文案

法則 1

為何文字光靠「品味」就能賣？

消費構成了人們的日常生活，上班途中帶杯咖啡、午休時間離開公司買便當、下班之後從事各種自己喜歡的休閒活動都需要花錢，甚至連出去打個球，都需要先擁有一雙球鞋和一顆球。人只要活著，大抵跟消費脫不了關係。

但品味這件事能賣錢嗎？這要從「品味是什麼」和「人爲什麼要買東西」兩件事情說起。

有品味，並不等於負擔不起

我們有時候會聽到人們稱讚別人很有品味，腦海中浮現的情境可能是某些高級精品或者舉手投足十分優雅的紳士淑女，有品味似乎是上流社會專屬的階級象徵。但事實上，品味並不是高不可攀的，人人都可以培養品味、也都在生活中實踐自己的品味消費。爲什麼這樣說？就讓我們從「很有品味」這句稱讚再深一步想下去，這樣的稱讚多半發生在社交場合，稱讚對方對於飲食、穿著或者物品等某個領域的講究。

非常了解飲食、穿著或某個興趣就算是有品味嗎？在教育部重編國語辭典修訂本中，對於品味的解釋是：「品嘗滋味。後引申成對事物具高度品鑑能力。」日本作者水野學則在《品味，從知識開始：日本設計天王打造百億暢銷品牌的美學思考術》（センスは知識からはじまる）這本書中提到：「品味，是使無法量化的現象，表現出最佳樣貌的能力。」

是的，品味就是對某件事物的深入探究與了解。品味是一個人的鑑賞能力，它來自知識的累積，也是人們據以選擇事物、辨別細節與好壞的準則。

懂得分辨名車、名錶會被稱讚有品味，而如果你知道怎麼使用各種稻米品種和烹調時間，煮出不同口感的飯，卽便你不是知名的頂級主廚，還是會被譽爲很有品味。並不一定要了解昂貴的東西才叫做有品味，而是只要你有辦法拆解某件事的構成細節、分辨優劣並且知道其因果邏輯與應用方式，甚至進一步發展出自己的觀點時，就能說是個有品味的人。

雖然有句俗話說「富過三代，才知吃穿」，但是在網路時代裡，知識已經成爲非常容易取得且幾乎免費的東西，就連世界各國代表性博物館中的藏品都加入電子典藏的行列，把內容放在網路上。即使你感興趣的是珠寶、酒類等一定要接觸到實體才能明確辨識的內容，也可以事先進行大量的閱讀和認識，先了解理論之後再找機會實際印證就可以，把過去只有面對面才能獲得的技能學習成本大大降低，節省投入該領域時可能的花費。

所以培養好品味不一定需要花大錢，只需要對某件事物有濃厚的熱情，就有機會培養出該領域的品味。也就是說「有品味」的門檻降低了，對各種事物產生興趣與認知的消費者只會越來越多，市場整體花在品味的消費預算也會隨之增長。

品味並非少數人的特權

但「品味」適合我的產業領域嗎？它是專屬於少數特定產品或服務才能使用的溝通方式嗎？我不這麼認爲。

因爲雖然美感有其基礎的原理標準，但是每個人對於有品味事物的偏好落差很大，而且這些美麗的東西在視覺風格或者歷史背景上，也有顯著的差異。例如義大利廣場上的石膏像是美的、日式枯山水庭園也是美的、臺灣的宗教盛會大甲媽祖遶境，甚至被知名的自助旅行聖經《孤獨星球》（Lonely Planet）譽爲世界三大宗教活動之一。但我光是只拿下列三樣東西出來舉例，你就未必會認爲這三樣東西都是你非常喜歡的，或許有人會覺得石膏有點老氣、有人會覺得枯山水單調、有人會覺得媽祖遶境庸俗——或許你可以認同它們都具有藝術性值得保存，卻不會強烈喜愛到想要同時購買這三種不同的主題產品放在生活中。但它們全都是公認的品味和文化的代表，可見品味並不是由少數人來決定，美學與品味沒有客觀的標準，而是存在於每個人的主觀認知當中。

雖然什麼叫做「好品味」沒有一定的答案，但是人們在生活中選擇購買哪些風格的產品，卻有可能會因爲流行而變化。舉個例子，這幾年大多數人選擇的居家風格以簡約、淺色、通透的北歐風或者黑鐵打造的工業風爲主，但是五十年前爺爺奶奶輩喜歡的設計，卻是整套的紅木家具配上磨石子地板。兩代人在享受自己的居家生活時，就算預算不足以打造出最完美的環境，但至少都會認爲符合自己最低限度的品味，但是我們因爲沒有經歷過去的生活，不曉得以前的流行脈絡是如何產生，回頭看以前的設計風格時，卻會覺得格格不入不舒服，這就是年代的限制在起作用；反過來看，爺爺奶奶也住不習慣城市裡的房子。時下流行的風格並不是他們習慣的生活品味，他們也因爲不再花時間沒有接觸不斷更新變遷的資訊，因此無法感受到流行品味的吸引力。

再擴大一點說，很少人會確信自己很有品味，但幾乎每個人都會在特定的事物上有美學的堅持；就拿我自己來舉例，我並不講究服飾時尚的潮流，對於科技產品的技術趨勢也興趣缺缺，但是對於文學與居家裝潢的美感就特別在意。正因爲每個人對於品味的關注面向不同，生長環境和接收到的資訊也不同，所以世界上並不存在「一定沒有品味」的商品，只要你找對了受眾，美感與品味絕對可以爲品牌加值。

這也就代表產品銷售溝通時，雖然可以跟隨流行趨勢，但並不一定要絕對符合時下流行的品味。因爲就算品牌以時下流行的品味口吻來溝通，還是會有人喜歡、有人不喜歡，在商業銷售素材製作時，要考慮的並不是哪種品味風格最好賣，而是與哪種品味的消費者溝通，可以用最少的投入獲得最大的效益。

人們爲什麼要買東西

在消費心理學知識中，探討過非常多影響人們購物的因素，而我在這裡想要分享人**爲什麼想要買東西的兩個基礎理由**，來說明「爲什麼品味會影響購買決策」的原因。

達成目標

人們買東西的其中一個原因，是爲了想達到目的、滿足期望。因爲生物的本能讓你肚子餓的時候會想要尋找食物、冷的時候購買衣物等，這些生理需求就是令人採取行動的內在動機。而除了生理動機之外，人們也會因爲想要建立社會關係或者達成自我實現的目標而購物，這些高層次的需求動機，是由人們過去累積的知識、思考與推理而產生。例如，因爲在戲劇、電影裡看到約會場景，就想要在情人節前夕購買禮物，透過贈禮來達到增進彼此關係的美好結果。

這些需求不僅會自發產生，還會因爲環境的影響而加強，例如說你在街上聞到烤香腸的氣味、只是逛逛百貨公司，卻發現一群人正在圍著花車搶購，都會激發本來不存在的需求。若是在廣告層面上，圖像與文案的描述若能創造出讓消費者感同身受的氛圍，當然就更有機會銷售產品。

害怕短缺

害怕短缺可以分爲「**無法滿足需求**」以及「**產生損失**」兩個情境來討論。首先，當人們認爲自己的需求有可能無法被滿足時，就會透過各種方式來預防。例如在颱風天前預先採購民生必需品，避免沒有辦法出門採買造成生活的不方便；或者因爲疫情流行而搶購衛生紙、消毒用品等，都是因爲害怕生活需求沒有辦法被滿足而產生的消費行爲。

另一方面，消費心理學中有個經典的現象：損失規避（loss aversion），指的是說當人們遇到同樣數量的收益和損失時，認爲損失更加令他們難以忍受。想像你在路上撿到一百塊錢，你當然會感到很高興，但此時這一百元又忽然被一陣風吹到橋下被水沖走撿不到了。一來一去你的收益雖然是零，但是高興和難過的感覺卻無法相互抵銷，這就是消費者害怕產生損失更甚於獲得的例子。

在「達成目標」和「害怕短缺」的需求中，共同點就是栩栩如生的想像。如果消費者自身的動機還不夠強烈時，透過精準的描寫將可以讓你細膩具體的把環境現場重現出來，烘托出誘人想像、加深消費者想要達到目標的決心。而在害怕短缺的心理影響之下，如果文案可以精準描繪需求無法被滿足或者損失發生時的想像，就會更強烈的影響消費者，引起對方產生購買慾望。

品味需求日漸提升

在二〇一九年東方線上消費者研究集團提出的《二〇一九商務人士理想品牌大調查》報告中，邀集年收入百萬以上的商務人士針對生活品味消費態度進行深入調查，發現對於這些商務人士來說，品味不再只是加分項目，甚至有可能左右其購買決策。

二〇一九商務人士理想品牌大調查

調查報告中顯示，76%受訪者會用心布置居家擺設，在乎個人生活與工作空間的品味與特色；88%受訪者願意多花一點錢購買可維持生活質感與品味的產品；還77%受訪者願意買具特殊風格，但貴一點的產品。
除此之外，同意「購買東西時只注重功能面CP值，外觀好壞的設計是多餘的」的受訪者僅有40%；「若產品功能相似，我偏好以價格來做購買考量，而非品牌形象」則占36%。
資料來源：《今周刊》東方線上「二〇一九商務人士理想品牌大調查」

也就是說，「品味」已經不再是可有可無的裝飾品，品味帶來的美學與感性利益已經成爲實際的價值考量。企業如果忽視品味、單以功能訴求來發展品牌，很有可能會讓超過60%的中高端消費者不將你的產品納入考慮。

靠品味就能賣的例子

既然培養品味已經不再是頂層階級的昂貴娛樂，各式各樣的消費者當然就會發展出屬於自己的品味；而這些擁有獨特嗜好與自我判斷鑑賞標準的消費者，在相同區間的價格與品質下，自然而然就會選擇購買與自己品味訴求相同的市場定位產品。對於想要銷售產品的企業來說，滿足這些消費者的品味需求，其重要程度和滿足功能性需求是一樣重要的。

拿咖啡店當例子，有些人注重的是咖啡的風味和產區、有些人注重空間氛圍的營造、有些人注重經典咖啡文化的重現、有些人注重的是實驗性的手法和設備，當你描述得越明確，對方越知道你和他是否在同樣的品味領域鑽研，並且與他志趣相投——而且，你發現了嗎？這些內容如果你不說的話，對方很可能沒有發現，更甚它們都是可以靠文字內容描述來傳達的。

上面講的是透過對主題的深入了解來展現品味的例子，那有沒有放諸各種產業都適用的例子呢？當然有。我曾經遇過兩個分屬不同產業的客戶，都是在成熟產業領域當中，運用了烘托想像而脫穎而出的例子。而什麼叫做烘托想像呢？下面我舉一個例子：當你想要描述一樣產品時，除了「基本款手提包是鮮紅色的」這樣的事實之外，你還可以描寫它的使用場景：

◀ 是什麼樣的人在使用它？

◀ 這個人在什麼場景使用它？

◀ 使用它的時候，這個人心裡在想些什麼？

在不同的品味觀點中，給予讀者的想像將會完全不同。例如：

描述一：

把自尊塗在嘴上、提在手上，就能踩碎整個城市的惡意。

描述二：

即將到來的愛情是灼熱而閃耀的，我不能沒有一刻離開它。

第一種描述帶給人的感受像是堅強而精緻的30世代職場女性，不僅擁有自己的理想和價觀、也有一定的能力去實踐；而第二種描述帶出的形象則是一個感情豐沛的女性，對愛情懷抱強烈的期待，個性上則是比較依賴的。

兩種受眾的個性完全相反，一個堅強、一個柔弱；一個追求成就、一個渴望愛情；一個崇尙理性、一個活得感性。雖然商品完全相同，但是在詮釋其身份象徵功能時，給予的想像不同、帶來的價值就截然不同。也就是說，雖然是同樣的產品，透過不同的描述方式，就能成爲符合該族群喜好的品味物件。

法則2

品味提升銷售量的三個原因

對於企業來說，要提升營收最具體的方式就是依據銷售公式「銷售＝流量×轉化率×客單價」，分別透過三個變因的增加，來讓營業額提升。提升營業額有很多做法，**著重品味**絕對是其中的一種。在越來越多人希望發展興趣嗜好的環境下，我們可以透過明確指出自己符合對方的品味需求來轉換銷售。

品味可以提升流量

銷售的流量可以分爲主動流量和被動流量兩種，主動流量就是你投入金錢等成本，將消費者吸引到你眼前。就如過去站在街上發傳單，或者在社群媒體上進行廣告投放，都屬於主動流量。而被動流量則是不花錢可以獲得的自然流量，例如店面的過路客，或者利用關鍵字優化而讓來自搜尋引擎的流量提升。

培養品味需要擁有知識，而獲得知識的具體行動就是**搜尋**。豐富內容的網站，裡面就會包含越多讀者需要的關鍵字，進而比內容貧乏的網站更容易被搜尋引擎收錄。而在關鍵字優化的過程中，深入了解該領域組成元素細節與場景進行描述的品味文案，能讓描述方式涵蓋的範圍更擴大、更有機會接觸到已有具體需求的消費者。

舉例來說，在規劃關鍵字時，如果因爲對想要推廣領域的消費者需求不夠了解，導致只決定單一一個高流量的關鍵字，沒有其他關鍵字進行輔助，很容易被競爭對手以資源優勢超越，只要投放大量的廣告，消費者的注意力就會被搶走；但如果具備多方面描寫主題的能力，則可以開啟更大的行銷漏斗入口，達到讓各種長尾流量共同累積的效果。

若你經營一個旅遊自媒體，但描寫內容時翻來覆去的只能寫出「必買、必去、美食、親子」這些關鍵字，相當容易被大型的新聞媒體以大量寫手累積的內容超越。但如果你對於旅遊自有一套品味，你就可以發展出其他不同的主題內容如「文青、鐵道、登山、一日行程」來吸引讀者。

行銷漏斗

什麼是行銷漏斗？

行銷漏斗（Marketing Funnel）指的是一個陌生人從不認識品牌、逐漸認識、喜愛品牌、到購買產品甚至成為忠實顧客的過程。

品味可以提升轉化率

上一部份說的是擴大流量的例子，而相較於行銷時主打單一功能，透過具有品味的文案撰寫方式，還能分別針對產品的不同價值面向進行深入的討論，和銷售漏斗中處於「猶豫期」的客戶溝通，讓隨意瀏覽轉化爲深入閱讀，進而將漏斗的入口擴大，讓更多人進入最終購買下單的階段。

除此之外，雖然品味在大多數人的眼裡，是奢侈與遙不可及的代名詞，但反過來說，若產品建構出美好生活想像的同時，卻還處於消費者負擔得起的預算區間當中，對方自然就會覺得這筆消費是划算的交易，也就越有機會成交。

要如何改變產品在消費者心中的價值判斷？你可以提升產品的規格、加強產品的功能、重新設定使用者的需求場景等，而在這些前提都沒有改變的情況下，**透過廣告素材的改變**來爲產品烘托加值，則是最快速的方式。

改變廣告素材，就等於改變產品形象

日本老牌的明治巧克力公司，在二〇一六年推出主打「成熟風味」的巧克力「The Chocolate」，想讓巧克力在日本人心目中的印象從「小孩子的糖果」轉為「大人的奢侈品」，藉以提高巧克力的形象和客單價。

明治巧克力的糖果市場部專任課長佐藤政宏表示：「日本人總認為巧克力是小孩子的糖果，但歐美則定義它是大人的奢侈品。我們希望這個新產品在日本也能像紅酒和咖啡一樣，變為成人的嗜好消費，藉以提升本土的銷售量。」大膽的把零售價定在二百三十七日圓，比平均單價一百日圓高出一大截。

但是 The Chocolate 剛推出時，包裝設計為了強調嚴選品質而採用黑白的可可豆照片，但這個策略對於剛開始將巧克力認知為奢侈品的目標消費族群來說並不買單，強調產地、風味的切入方式對於三、四十歲女性來說不具吸引力，因此品牌決定將它徹底改頭換面。

第二代的 The Chocolate 由亮面硬紙盒改為充滿手作氛圍的牛皮紙質感，保留了可可豆造型但更進一步的將果核由實物照片改為剪影，並畫上鮮豔的圖案，透過職人與珠寶兩個複合意象營造華麗的高級感。起初公司內部並不看好這種大膽創新的設計，但沒想到包裝大獲好評，甚至還吹起了一陣手作炫風，消費者將空盒加工製成筆記本、書籤、吊飾甚至手機殼等創意小物，也因此在社群上發酵擴散。最後 The Chocolate 在短短的一年當中，竟然賣出了三千萬份。

資料來源：The Chocolate 官方網站

品味可以提升客單價

品味帶來的高附加價值感不僅可以提升轉換率，也可以提升客單價。那是因為現代消費者的生活水平基礎提高，「品味」已經從奢侈品逐漸變為生活必要的一部份

英國經濟學人的《二〇二〇全球生活成本調查》（Worldwide Cost of Living 2020）中，臺北在全球一百三十三個城市中生活成本排名第五十八，這並不是很高的數字，表示物價可接受、大家的生活還過得去。但是根據瑞士寶盛私人銀行發表的《二〇二〇年全球財富及高端生活報告》，臺灣市場高端消費的價格則在二十八個城市中排行第八的前段班。

這個調查顯示出臺灣金字塔頂端客戶的強大消費力，甚至根據財政部數據，最高5%平均所得人群，已經和所得最低5%平均收入相差了一百一十三倍。對品牌來說，這樣的市場現況提醒我們的，就是過去預設以「便宜」來獲取大眾市場的策略，其實比你想像中產生的營收還要來得少：**雖然人們永遠喜歡「佔到便宜的感覺」，但事實上卻比自己想像中更捨得花錢**，這中間的落差，就是在富裕的生活水平基礎上，人們已經習慣追求興趣嗜好的「品味」起到了作用。

承上所述，消費者購買某項商品時，是因爲這項商品滿足了他的特定需求，也就是說這項商品對他而言具有價值。但是價值感不單來自產品的實用性，也包括創造生活想像、美學鑑賞、與同好共鳴等功能，若產品的各種理性或感性價值加總起來越高的時候，就越有機會在定價偏高的情形下，仍然帶給消費者「划算」的感覺。

法則 3

品味就是「品牌」的雛形，切記「牌子」不等於「品牌」

品牌的構成元素有哪些？實務上各界對於品牌的定義解讀不同，例如美國行銷協會（AMA）認為品牌是「一個名稱（name）、術語（term）、標記（sign）、符號（symbol）、或設計（design），或者上述的綜合，用於讓某一銷售者的產品或服務有別於其他的競爭者。」除此之外，品牌還用來傳遞產品的功能性利益，還有它與使用者之間的關係。

但品牌並不是只要讓自己與其他人區隔開來就足夠了，在談到用來與消費者溝通的文案內容時，我更偏好使用「Chernatony 和 McWilliam」（品牌對消費者體驗研究者）將品牌分為四類的定義：

1．品牌是一種識別的標記

品牌可供消費者分辨其與競爭者之間的差異，這個說法和美國行銷學會的定義相同。

2．品牌是對品質的持續承諾與保證

讓消費者在購買和使用前，就認可並信賴產品具有一定的品質。

3．選擇品牌是消費者投射自我形象的方式

消費者不僅使用品牌來區別產品與競爭者，也用來區別自己與其他消費者，也藉品牌個性傳達自身的認同。

4．品牌可以幫助消費者作出購買決策

品牌是產品市場定位、品質保證、功能利益和自我形象資訊的綜合體，這些內容可以幫助消費者作出是否購買產品的決定。

在這四種定義中，「**識別標記**」和「**自我形象**」與品味的關係密不可分。品牌識別標記就像人的名字，用來供消費者分辨與記憶這個人是誰；而品牌形象是否鮮明討喜，則是消費者有沒有辦法投射自我的主要關鍵。

牌子加上品味才是品牌

爲什麼我會強調不能只將識別標記做出來呢？因爲就算消費者能識別你，也並不代表消費者會喜歡你。

舉個例子來說，如果今天小明、小華、小豪三個人同時轉學到你班上，上課前老師把他們的名牌擺在了空位上，這時你會知道位子A屬於小明、位子B屬於小華、位子C屬於小豪。在你還沒有和他們接觸前，他們就只是三個名字，全班同學想走到其中一個人面前交談的動機是相等的。但等到一個禮拜後，全班同學已經和三人有過充分的接觸，發現小明開朗陽光、熱愛運動，而小華待人有禮、喜好閱讀，這時候全班同學就會開始依照自己的認知，分別對小明和小華產生不同的評價。如果這個班級是體育班，小明的人緣可能比較好，但如果班級是升學班，或許小華就比較受歡迎。

問題又來了，大家發現小豪不愛乾淨、講話粗俗，甚至還會勒索威脅同學，雖然大家都知道小豪是誰，但也沒有太多同學想要主動親近小豪……。

這就是「牌子」不等於「品牌」的原因。

有了可以識別企業的「牌子」之後，一定要加上被不同的社會經濟群體認可的「品味」才是品牌。雖然小明和小華的個性不同、喜歡的東西也不一樣，但是他們各自都有值得親近的特質，也就是說喜歡他們的族群也從互動中投射自己的願望：喜歡小明的人覺得大家可以共同努力朝向奧運選手目標邁進、喜歡小華的人則認爲一起讀書可以考上頂尖的大學。雖然「小豪」也是一個可供識別的牌子，卻因爲他的形象難以被社會群體認可，進而無法成爲衆人喜歡的品牌。

所以，缺乏品味意識的識別標記或許可以當作身份的辨識，但是卻不一定能爲企業加分。即便你不是惡霸，如果沒有思考過「**我是誰？**」「**我所處的環境有哪些人？**」「**我要如何表現**

自己才能讓最多人喜歡我？」「依據我的個性到哪個環境才會最受歡迎？」的話，那你也有可能會變成升學班裡不太受歡迎的運動高手，一不小心吃了虧。

透過精準文字更輕鬆的建構你的品牌

有品味才能建構受歡迎的品牌，但單只有品味不代表能夠釐清自己的品牌形象。原因何在？那是因爲還是有許多人尚未具備能夠**精準描述感受的語文能力**。

舉例來說，很多人都希望自己的品牌形象是快樂的，但他們心中對快樂的想像可能不同，所以認同品牌形象的客群也可能不同。我們應該進一步描述這些快樂是什麼，來對焦品牌對自己和消費者的想像。例如寧靜的愉悅感受，對應的可以是忙碌一天想要喘息的單身上班族，但這個描述若再加上溫馨，就會讓受衆變成家庭。另一方面，極致解放的狂喜也是一種快樂，跟寧靜的快樂卻是截然不同的體驗，對應的受衆族群也就不同。

所以，在開始任何一篇文案撰寫之前，品味和文字的交互作用就已經開始影響你的品牌了。

如何透過精準的文字來建立更清晰的品牌形象？你可以按照以下的六個步驟執行：

【步驟一】寫出自己提供的產品或服務樣貌

【步驟二】寫出產品或服務可能的使用場景

【步驟三】在這些產品場景中，都是哪些人在使用

【步驟四】寫出我的品牌想要擁有的個性

【步驟五】核對剛剛寫出來的描述文字，有沒有空泛或與受衆形象矛盾的地方

【步驟六】試著更精準的重新寫一次產品服務樣貌和品牌個性

就以我自己身爲一個獨立文案的身份爲例來做示範：

【步驟一】寫出自己提供的產品或服務樣貌

我提供精緻、獨特、具有風格的美學文案。我寫的文案就是產品，提出文案與品牌策略建議則是服務。

【步驟二】寫出產品或服務可能的使用場景

我寫的文案適合使用在奢侈品、房地產、文創產品、觀光旅宿、生活風格品牌的網站文案或者產品描述文案。

【步驟三】在這些產品場景中，都是哪些人在使用

重視獨特體驗的消費者在購物時閱讀。

市場定位於中高端的企業主、行銷人員在瀏覽競品網站時發現。

生活風格媒體編輯記者正在尋找話題性的物件。

【步驟四】寫出我的品牌想要擁有的個性

重視美感、重視知識、幽默。

【步驟五】核對剛剛寫出來的描述文字，有沒有空泛或與受眾形象矛盾的地方

我認爲重視獨特體驗的消費者樣貌描述得不夠清楚，且未回應中高端企業主對於獲利的需求。

【步驟六】試著更精準的重新寫一次產品服務樣貌和品牌個性

產品與服務樣貌：薪資前10%消費者樂於閱讀、形式少見、用字多元、具有個人觀點的美學文案。

品牌個性：重視每一種感官體驗、重視邏輯性、不寫別人寫過的切入點、博學幽默。

你也能靠自己讓字詞更精準

雖然寫字看似很容易，但是對於沒有經過專業文字訓練的人來說，很難馬上從無到有寫下心裡所想的產品使用情境，這時候你可以利用以下方式的練習，開始試著讓你的文字更精準。

用程度來區分

你可以按照不同的程度層級依序將所有涵蓋同一領域的字詞列出來，例如從小到大、從內到外、從簡到繁、從近到遠等等不同的分類方式，確認所屬主題的涵蓋範圍。就如剛剛的「快樂」舉例，從最輕微到最劇烈依次可以是：微笑、愉悅、歡喜、雀躍、快樂、痛快、狂喜。

指出現況

你也可以一邊想像使用者來將情景中的事物寫下來，例如使用者的外在形象、身處的環境、如何與環境互動，要注意採用實際出現的物件或行爲取代形容詞。例如用「年薪超過一百五十萬元、使用眞皮配件、每週去三天健身房」取代「高收入的族群」。

描述製作方式、材料或成份

描述產品或服務時，把每個製作時的步驟詳細拆解出來，就好像錄影機忠實錄下製作時的流程那樣把內容全部寫下來，而不只是寫出完成品帶給人的感受。例如用「黃銅打磨拋光四小時製成筆身」取代「亮晶晶的鋼筆」。

經過**市場定位**、**客群建立**、**標準化**的字詞選擇三個步驟，你就已經踏上建構品牌並擁有品味文案的第一步了。

法則 4

文字的重要性

文字是溝通的基礎形式之一，在行銷時除了產品功能與需求場景之外，爲什麼我們需要使用文案來表達品味，而非直接寫出誘使消費者購買的理由就好呢？

感受事物的三種方式

我曾在前言提及，知名的廣告文案大師李奧貝納（Leo Burnett）說過的一句話：「每一樣產品本身都具有它與生俱來帶有戲劇性意味的故事，我們的第一件工作是去發掘它，並用它來賺錢。」

這些有趣的內容當然可以用不同的手法呈現出來，文字、圖片、影音，每一種溝通素材都有它不同的特色，也對應不同的資訊接收型態。NLP（Neuro-Linguistic Programming，NLP）「神經語言規劃」神經語言學中把人的接收資訊方式分爲感覺型、聽覺型、視覺型，而這三種人適合的溝通方式也不一樣。

感覺型的人透過感官與直覺判斷來接收資訊，因此最適合面對面的交流。這些感覺可以是空間中的氣味、溫度冷熱、織品或皮革的觸感等等，如果在文案的領域，則會是某段文字帶給他什麼樣的情緒反應，例如快樂、悲傷、憤怒、無奈等等。

聽覺型的人由聲音接收訊息時，就比用看的來得清楚深刻。例如音樂的曲調優美與否、樂器的音色和諧、說話時接收的內容、甚至環境當中的白噪音等，聽覺型的人會對它們特別敏銳，也是這類型的人構築印象的來源。心理學家羅芬妮·葳爾豪（Ruvanee Vilhaue）曾經研究人們是否會一邊閱讀一邊默念，發現人們回應「閱讀時腦內會出現讀出文章內容的聲音嗎？」的問題時，有82%的人表示聽得到腦內的閱讀聲。所以就算利用文字內容，也能打動聽覺型消費者。這時我們要關注文字的聲調、押韻和斷句創造出來的節奏感、流暢和抑揚頓挫。

而視覺型當然就最適合利用眼睛來捕捉外界的訊息。可以是和諧的色彩搭配、強烈大膽的設計、跳脫慣性的形體組合，而在文字的運用上，你可以使用能讓讀者立刻就在腦海中產生印象的詞句，例如物件、顏色、景象等，來讓視覺型的人更感同身受。

也就是說，這三種類型的人在鑑賞事物時關注的重點不盡相同，感受的深刻程度也會因此產生差異。製作行銷素材時除了可以直接採用適合的形式來激起潛在受衆的感受之外，撰寫文案時也可以分別使用這三種手法，來塑造出各異的感受。

文字的特殊性

而說到文字與品味的關係，可以追溯至幾百年前。宋朝「萬般皆下品，唯有讀書高」這首勸學詩放到現代未必適用——各行各業的專才在臺灣陸續展露頭角，從設計師、米其林主廚、運動員等，多元發展的職業不再被視爲低下的選擇。但雖然從事各行各業不再是「下品」，在華人社會中讀書依然「高」，擁有知識基礎的論述和專業做法，仍被大多數人認可與讚揚。

更別說傳統文化中還有「敬惜字紙」的習俗，透過文昌帝君信仰來勉勵人們重視知識、不要忽視文字篇章擁有影響他人思想的強大力量；西方文化中也有類似的概念「第四權」，認爲媒體與公衆視聽內容，是在行政權、立法權、司法權三權之外能夠對社會發揮影響力的另一個階級；《泰晤士報》的亨利．里夫（Henry Reeve）曾在《愛丁堡評論》撰文寫道：「今天新聞界已經眞正成爲了一個國民階級；甚至比其他任何的階級都更爲強大」。

雖然社會正在快速變遷當中，但是歷史存留下來對文字的敬仰習慣並未消失，**擅長使用文字的人或品牌，獲得他人敬重的比例較高，也更常在消費者心中留下菁英專業的印象**。且就算現代社會中各種內容載具的型態越來越多變，但它們依然需要文字內容來當作創作的基底，例如，podcast 的主持人講稿、YouTube 的演出腳本、資訊圖表懶人包的項目條列式清單等等。文字在知識型產品的製作過程中，仍繼續扮演重要的角色，只是閱聽者吸收的方式不同而已。

從歷史發展和未來趨勢綜觀，我們可以說，文字這個形式本身就和知識與品味連在一起，而且應用場景只會越來越多！

文字還是最有共識的溝通工具

那麼在充斥著創新多媒體的當代社會中，文案對這個世界來說重要嗎？我認爲依然是的，雖然圖片搶眼、影音直觀，但文字則是一種可以提供讀者**最多想像空間**的溝通方式，也是最不需要設備輔助就可以達成的創意方式。

對創作者來說，製作文案時不需要攝影機、不需要膠卷、甚至不需要一部電腦。除了天份之外，它的創作歷程是人人平等的，唯一有差別的只有作者本身的觀察力、學習歷程與努力程度，所以不容易受到創作資源的限制；而且文案也是相對來說修改最彈性的內容，固然寫文案時也需要花費時間進行創意與雕琢，但是和影片或者平面設計比起來，比較少需要大量重複的機械性操作。我們不需要像皮克斯動畫那樣，一根根的反覆畫出怪物身上的數萬根毛髮才能達到完美狀態，需要專注的最小構成單位只是字和詞而已。

而對讀者和業主來說，文案是最容易被理解的宣傳素材：每個人不管語文能力好壞，至少都能理解使用母語創作的文案內容。雖然大多數臺灣人上學時的美術課都被借走了，但是借國文課的例子還是比較少，所以人們還是擁有基礎的文字理解與鑑賞能力，欣賞與閱讀文案的要求不會太高，不像是影音或者視覺的鑑賞能力，會因爲消費者認知程度或者投入的學習精力不一而比較有機會產生落差，藉由文字來溝通，不管是作者端、企業端或消費者端，都更能取得共識。

些。

所以，如果品牌想要開始跨出打造品味形象的第一步時，從文案開始著手，相對會容易一些。

文案也有「文化差異」

在本書的一開始，我就將品味文案定義成「用文字精準勾勒想像的技術」，當我們想要描述某件事情時，你和對方是否有共同的成長環境、社會背景、階級差異，都會影響到溝通的精準程度，而這些不同之處，就是彼此之間的文化差異。

品味文案是理解如何善用文化差異的文案，它可以讓場景更明確。

因爲顏色相關詞彙運用範圍相當廣泛，各行各業都有機會使用到它，因此以下我想用顏色來舉例。它們最常被使用到的地方包含美妝產業、科技配件產品、服飾鞋包等，和其他產業不同的是，平常撰寫文案時要描寫一兩個顏色並不困難，但是這些產業文字工作者的困境就在於要不停的產出與商品有關的描述，又必須不重複而有新意，所以描寫時就變得令人傷腦筋了。

這裡就來看看，怎麼樣用文字來描述顏色。

字詞的地域性

同樣一種顏色、或者看起來接近的色系，在不同的國家與文化下都會有它不同的描述方式，化為文字後，不同的名稱就讓它們帶上了各個地區特有的風格。綜觀全世界，利用既有的動植物、色素礦石和自然景觀來為顏色取名可說是放諸四海皆準的方式，不過帶給人的感受仍會因為語文使用方式的不同以及背景認知的不同而有細微的差異，以下我們來看一些例子。

中國

在中國古典文學中描述顏色時，常會以花草、風景、玉石珠寶等方式來稱呼，例如「榴紅／藤黃／瑪瑙／十樣錦／黛青」，帶給人較為典雅與具有歷史底蘊的感覺。

而它之所以會讓讀者產生這樣的感覺，除了顏色本身的感官體驗之外，宮廷戲劇的風行也讓相當程度的影響了讀者對顏色整體情境的認知。例如前些日子流行的電視劇《延禧攻略》中，大量使用在人物衣著的顏色，就是低明度而深邃的中國傳統色，也是經常出現在國畫中的顏色。

日本

日本用來描述顏色的物件與中國大同小異，不同的是它運用更多的自然景色與時節變換剎那來爲顏色命名，例如「老竹／洗柿／山吹／江戶紫」，這和日本文化中認爲美好事物總是無常易逝的哲學有很高的相關性。

日本顏色相關的參考資料，最令人熟知的應該就是「Nippon Colors」網站（日本傳統配色網站），它有兩百五十種日本傳統顏色與稱呼可以供大家參考，另外值得一提的是文具大廠日本 PILOT 百樂 IROSHIZUKU 鋼筆墨水色彩雫系列，每一種墨水都以一個顏色命名，包含露草、夕燒、冬將軍等，其文字想像也十分優美值得學習。

歐美

西方國家爲顏色取名時，與東方特別不同的一點是它們的科學氣息更加濃厚，舉凡化學元素、地名、人名等都是取名的靈感來源，且也會使用更具象的形體與顏色配合，例如「普魯士藍／牛奶白／秘魯色／軍綠色」都是屬於西方語感的顏色名稱。

如果你是設計師，你一定知道專門開發和研究色彩的彩通公司（PANTONE），但最早的標準化色卡則是一八一四年的《維爾納色彩命名法》（Werner's Nomenclature of Colours），它於二〇一八年二月的再版發售在設計界中刮起一陣小炫風，例如書中將一條墨魚形容成「風信子紅栗棕色」還有「月見草黃」色的海蛞蝓等，這些形容顏色的方式，在文案領域也值得參考。

字詞的文化意義

對一般人來說，掌握基礎的顏色並且說出它們並不困難，但是思考在哪個情境使用不同的顏色並描述，需要的不只是美感以及資料查詢的功力，更重要的是深厚的文化認識。

例如在古歐洲和地中海文化裡，紫色被認爲是代表高貴的顏色，是由這種染料的發源和使用背景而來的。

顏色與文化的關聯

過去紫色染料非常罕見，大約在公元前十五世紀左右，地中海東岸的腓尼基人發現一種骨螺，它的體液可以用來製作成為紫色染料，但是其製作方式非常繁複。根據亞里士多德的記載，從海中打撈上來的螺肉要放在鹽水中慢煮長達九天並置於陽光下曝曬。

這個過程不僅氣味非常難聞，且因為骨螺產生的色料份量很少，要染成一件衣服需要使用數千到上萬隻骨螺，再加上早期骨螺需要人工入海捕撈，所以製作紫色染料的成本非常昂貴，也讓紫色的衣物成為身份地位的象徵。

什麼顏色會讓人感覺更奢華？爲什麼白色代表高貴？其實背後都有社會學的原因可循。經由認識顏色被發明、被運用的脈絡，我們可以了解到人類文化活動賦予顏色的更多意義。

文化背景＋字詞選用＝品味文案

我們現在已經擁有很多顏色的不同名稱了，該怎麼使用它們，才可以透過文案展現出品牌的深刻知識與品味呢？以下是幾個基本用法：

一：把握一致性

撰寫時選用的文字型態，要與你溝通的商品印象符合。例如：自然柔軟的「苔綠色旗袍」就比感覺西方硬派的「軍綠色旗袍」來得恰當。

二：注意比例

雖然很多傳統的顏色名稱古雅而優美，但是太過艱澀的說法反而無法讓讀者理解。這時我們就要注意比例的拿捏，或者有沒有後續的補述可以讓文字更完整，例如「低調內斂的老竹深綠色系」就比「老竹色」來得直觀。

三：不要用錯顏色

有時候因爲時代的改變，同樣的稱呼會慢慢變成不同的意思，在顏色中青色絕對是代表：青色的本意是藍色，而現代人多用來指介於綠色跟藍色之間的顏色（有的人稱爲柯P色、臺獨色、Tiffany色）。但在最古老的時候，例如詩經中的「青青子衿」青色則是黑色的意思。

品味文案最基本的三個方式

從上面的例子中，我選用了來自不同地區、不同說法的文案來描寫顏色，再把它與需要描述的產品互相結合，這也是寫出品味文案的最基本三個方式：

- 理解產品意涵
- 擁有跨領域背景的知識
- 活用跨領域字詞

一：理解產品意涵

首先，你要思考這項產品對目標受眾所代表的意義：它的利益是理性的、還是感性的？風格是溫和的、還是剛硬的？使用這項產品的受眾，是什麼樣的人？

二：擁有跨領域背景的知識

知道受衆爲何使用產品之後，再進一步挖掘他們的使用場景，是在什麼樣的日常生活方式中發生、有無特定場域、源自東或西方的歷史、或者是因爲哪些習慣或文化而造成？

三：活用跨領域字詞

大略勾勒出這些受衆的可能使用場景後，就可以開始大量列出該文化當中的字詞，來作爲撰寫文案的資料庫。在不同文化中差異最大的內容經常會是：空間中使用的物件、人們的穿著、節慶活動與習俗、飲食種類等。以上三個要點是品味文案的基礎，撰寫每一篇想要感動人心的文案前，都建議思考這三個問題。簡單來說，就是除了了解產品、了解消費者之外，還要透過跨領域的連結來創造出耳目一新的效果，來讓文案有足夠的吸引力。

PART 2

引起品味消費者行動的要素

法則 6

有品味的消費者重視什麼？

哪些消費者才是有品味的消費者？其他的消費者就是「沒品味」嗎？這些不同的消費者重視哪些事情？人們在某個特定時間點上，擁有的品味方式不同，但是因爲人總是在追求更好的生活，所以人們隨時隨地都走在建構品味的路上，只是快慢步調不同而已。這個論點可以從品味這個概念的歷史說起。

人皆有品味，或是正走在建構品味的路上

十八世紀哲學家康德（Immanuel Kant）認爲，品味的判斷標準源自於「**美學**」**的理性、形式、**

樣態與風格四個基準，而根據標準來劃分時，人的品味就會有高低程度之分，源自於個人對生活方式的選擇、自我反省的深入探討和後天的文化，在不停的互動中發展出共有的審美能力。

因爲後天因素會影響品味觀點，所以文化正統和正當性逐漸代表高品味，例如過去歐洲的平民會模仿貴族的飲食與穿著、中國百姓判斷美女「環肥燕瘦」的審美觀，也隨著當時皇帝的偏好和民族構成而改變等等。

品味並沒有高低優劣之分，人們之所以會說「提升」品味，原因其實來自這種品味是否能提升自己的身份地位，也就是說提升品味是逐漸貼近當代主流精神文明的過程。

但過去的時代縱使人們想要提升品味，也因爲時空的阻隔與商品的種類限制而不容易做到，相形之下這個時代想要提升品味就簡單多了。靠著消費來買到各類服飾配件、娛樂體驗、甚至購買知識產品進修，就成爲了現代消費者實踐生活風格——也就是追求品味——的方式。

品味消費者都是哪些人？

法國社會學家皮耶・布迪厄（Pierre Bourdieu）在《資本的形式》（The Forms of Capital）中討論到四種不同的資本：經濟資本、文化資本、社會資本、象徵性資本。其中的**文化資本和經濟資本**是構成社會階層化的主要原則，也實在的影響著人們的消費模式。

經濟資本代表的是一個人擁有的金錢、財產等資源。經濟資本所對應的消費，就代表這個人能負擔什麼樣的生活水準、住在什麼地方、購買什麼樣的服飾或配件，這些外在的物質表現出了他的經濟資本多寡。

文化資本則是讓人能有機會在社會上獲得較高地位的優勢，包含知識、技術、教育甚至待人處事等。而和文化資本有關的消費，包含了參加藝文活動或展覽講座、購買藝術品、購買書籍、付費學習等，文化資本消費雖不像經濟資本消費能讓人因爲購物和物質而馬上感到愉快，但是文化消費內含的知識技能，給予了消費者有機會獲得較高社會地位的期待。

當每個人擁有的資本不同時，對自己的期望也會不同。以經濟資本和文化資本作爲評估標準，可以劃分出四種社會群體。

一：**經濟資本高、文化資本高的貴族**。例如常在漫畫中看到從小衣食無缺、接受高等教育的大小姐，吃的用的都是精緻有品質的物件，行事進退有禮，還懂得欣賞音樂與藝術等。

二：經濟資本高、文化資本低的暴發戶。這類族群也賺到很多錢，卻可能因爲成長過程中接觸的教育程度不一，因此還無法累積足夠的文化資本。這種人在擁有足夠的財富之後，因爲開始接觸到經濟與文化資本均高的族群，所以會想要透過提升自己來避免低人一等的感受，往往會想繼續培養自己的文化資本。

三：經濟資本低、文化資本高的知識份子。這類人的家境大約是普通到小康，但家長具有一定的知識水準，自己也接受高等教育，因此養成文化消費的習慣，不過受限於經濟而多半選擇價格較低的文化消費，例如購買書籍、聽音樂會、看展覽等等，比較難直接進行購買藝術品眞跡、博物收藏等活動。

四：經濟資本低、文化資本低的老百姓。他們本身受教育的程度不高，可支配的消費也較少，因此沒有培養出文化消費的習慣，消費時多半還是以滿足生理需求爲主。

以上這四種人可以說是社會上形形色色族群的縮影，而除了第四種人之外，其他消費者都會投入品味消費當中；尤其是擁有資源的第二種人，更會因爲想要進一步提升社會地位而開始進行文化消費。

對於這些消費者來說，品味是生活導論，是從事各種行爲之前的價值觀準則；這些擁有時間跟資源的人，已經習慣了用自身培養出來的品味進行購物的決策。有句文案曾說「生命就該浪費在美好的事物上」，而透過品味文案建構品牌形象，你能吸引到的就是擁有金錢餘裕，也願意為了感知美好而揮霍的人。

追求品味的消費者重視三件事

隨著消費型態、社會組成和科技發展的改變，人們的生活方式有了很大的改變。從獨裁統治進入民主，也從農村社會經歷三次工業革命，更別說在宗教團體、工作型態、情感關係等多元的文化行為中，人們的認知全都已經發生改變。各個人文社會學門逐漸發展出不同的品味論述，早已跟最初的品味定義大相徑庭，讓「品味是什麼」這個問題更難回答。

雖然品味是什麼難以回答，但人們做出追求品味行動的原因並未改變，人們因為想要變成更好的自己，所以透過得到有形的各種物件來改變自己的外在形象，並加強無形的知識技能等內涵來提升內在價值。

一：鑑賞與體驗的需求

美感是人類與生俱來的特性，雖然每個人可能有天賦不同與觀察力敏銳程度之分，但大多數人會對均衡、對稱、漸變、律動、調和、重複等形式美產生共鳴。當接觸到這些事物時，會觸發正面的感受，而讓人希望可以獲得更多類似的體驗。

也就是說，所有的人都會偏好美的事物，而天生美感敏銳度越高的人，就越有可能從嗜好鑑賞中獲得效益，因此進行相關的消費。舉例來說，假設看展覽和吃蛋糕的花費都是兩百元時，如果這個人看一場展覽獲得的快樂程度比吃蛋糕來得高，那麼他就會把錢花在看展覽上。

二：被接納的需求

除此之外，人類是群聚的動物，因此人會希望能夠被群體所接納，藉以獲得物質的保障還有情感上的支持。這時候人們會不自覺模仿他人的行爲，期盼能夠融入群體。這些行爲不只包含說話方式、肢體動作或者行爲模式，還會包括外在形象例如穿著打扮與興趣嗜好等等。

妝容的流行就是其中一個例子。不僅古時候有秦代蛾眉、漢代八字眉的流行轉變，就連近年都有九〇年代細眉到韓風自然平眉的變化。女孩們自己的心裡認爲什麼樣的眉型是美的，有可能會與當下流行的樣式不一致；但畫上什麼妝容才能避免自己與社會格格不入，往往才是她們決定的關鍵。

三：提升地位的需求

在群體中擁有上層地位，代表擁有最多資源和話語權，也就是擁有輕鬆舒適的生活，因此人們當然會想要提升自己的地位，從而獲得生存的保障。決定社會地位的方法大致分爲承襲和爭取兩種，性別、年齡、種族、國別和家庭背景等社會地位難以改變，但是人們依然可以透過充實知識、提升個人能力、表達技巧等行動來爭取社會地位。

所以能夠提升社會地位的各種工具，就成了人們的購物目標。不管是想增進職業技能、鍛鍊體力、培養興趣拓展高收入交友圈、改變外在形象提升吸引力等，都是人們因爲想要提升社會地位而做出的行動。

美感、共鳴、信任共同組成的品味文案

綜上所述，在我們撰寫品味文案時，就需要滿足人們想要鑑賞和體驗的需求、被接納的需求以及提升地位的需求，藉此說服消費者可以透過購買產品來獲得他所追求的生活風格品味體驗。

一：品味文案的第一個元素，**是對萬事萬物的鑑賞能力，也就是美感**。它是抽絲剝繭找到細節的能力、也是化抽象爲具體的能力，針對不同的需求與產業，品味文案則將會是「辨識好東西並感動他人」的能力，我將它拆分爲以下幾個基本步驟：

【步驟一】商品滿足哪些形式美？

【步驟二】商品可以給予哪些感官刺激？

【步驟三】可以用什麼方式宣傳商品，來忠實傳達它將讓消費者體驗到的品味價值？

二：品味文案的第二個元素是**共鳴**。它對應到人們被接納的需求，要思考的是如何成爲消費者想要與之共鳴的個體。品味文案要思考的問題有：

▶ 商品的理性和感性利益是什麼？

▶ 商品的理性利益是否有助於目標消費者更獲他人喜愛？

▶ 商品的感性利益是否回應眾多目標消費者共同的價值觀？

三：品味文案的第三個元素回應的是**消費者想提升社會地位的願望**，這時候越能快速有效解決問題的工具，就是越好的工具，所以說服對方信任品牌是最重要的。這時需要思考的內容包括：

▶ 產品為何能夠提升消費者的社會地位？

▶ 對消費者的描述是否足夠貼合他們的眞實現況？

▶ 產品功能是否充分對應受眾遇到的問題？

▶ 有沒有確實能夠解決問題的證據來讓受眾相信？

要透過文案告訴受眾商品滿足他們的品味需求，首先可以思考以上的問題，接著在撰寫文案時運用珍貴稀有、感動驅使、社交需求、代表自己四個具體方向，建構出具有高品味的形象。

法則7

用文案展現珍貴稀有的方式

珍貴稀有與品味的關聯，首先與它彰顯身份地位的作用有關。這可以追溯到歐洲中世紀時，咖啡、茶、香料等產品剛剛傳入，只有少數的貴族與上層階級可以負擔它的高昂價格，因此若能夠使用類似的產品，就成爲身份地位與權力的象徵。

珍貴稀有與品味的第二層關聯，也就是物以稀爲貴。人會認爲平常不易接觸到的感受或體驗更有價值，原理來自經濟學中的邊際效應遞減（The law of diminishing marginal utility）。指的是當人在消費同一種產品時，每多消費一個單位增加的效用就遞減，最後一個消費單位的效用最小，直到不消費的效用大於消費時就停止。而珍貴稀有的東西，因爲不容易入手所以也無法持續消費，因此可以爲消費者留下最強烈的功能或感官價值印象。

圍繞著這兩個原因，我們可以透過文案來創造珍貴稀有的感覺，提升產品與品牌帶給人的品味感受。

珍貴

社會大眾認爲它很珍貴
玩家之間評定它的珍貴
個人回憶造就珍貴

稀有

時間上的稀缺
空間上的稀缺
難以複製所以稀缺
未曾感受所以稀缺

強調身份、地位、資源

文化水平與個人品味的培養，是需要透過資產、知識及生活經驗逐漸累積而來的，雖然有錢並不代表必定擁有高社會階級和文化地位，但至少表達出這個人有能力進行各種多元的消費與知識學習。例如飯店當中的總統套房（Presidential Suite），就源於美國威爾遜總統出行時的特殊客房要求而誕生。也讓它成爲奢華住宿的代名詞。

談到身份地位，以下的敍述邏輯雖不正確，但卻是人們最爲直覺的判斷方式：「這個人很有名／有能力／有地位↓他一定有閒有錢↓他用的一定都是好東西」。所以寫文案時，我們可以透過描寫上流階級身邊的物件或者行事態度，側面烘托出身份地位或者資產，再扣回想要溝通的產品，讓受衆產生珍貴的感覺。

強調歷史文化意義

除了金錢價值上的珍貴，我們也可以描寫物品在歷史價值上的珍貴。強調物品的文化歷史意義之所以會令人感到珍貴的原因，是因爲歷史紀錄留存了同一個地方的發展變遷軌跡，簡單來說就是能讓人感到既好奇又親切之外，還能解答自己爲什麼以現在的方式生活、爲什麼成爲現在的自己。

因此，在廣告文案中描述產品具有的歷史文化意義時，除了強調年代或族群之外，更需要強調的是當時的生活方式如何與消費者的生活相呼應。例如「故宮精品」粉絲專頁的社群內容中，就經常以《清明上河圖》當中百姓的一舉一動和現代人有何共通點，再進一步開始溝通想讓消費者關注的文物本身。

強調專業脈絡

對一群具有同樣嗜好的人來說，追求「珍貴」更像是對於工藝技術巔峰以及知識深度地位的激烈競賽。例如製作程序多難達成、關鍵知識來自哪個理論、是誰突破現有認知而達成了流程改善的技術等，都能烘托出產品的專業價值。

首先可以從物件本身所代表的時代、文化背景來了解，這件產品是否出自大時代的體悟、自身的困頓，或者趨勢的推進？知道產品背後代表的文化意義後，寫文案時就更能在心中與作者產生共鳴。

強調趣味所在

分享理性客觀的專業訊息之外，還可以分享感性的體驗，單純地從感官層面來著手。先讓自己從寫文案的角色釋放出來，回歸到純粹欣賞的角度，仔細與自己對話，思考這個產品的材質、顏色、設計手法帶給你什麼樣的感覺呢?在這個階段中沒有標準答案,而只要邏輯正確、言之有據,那麼你的文字就是你面對這項產品的眞實感覺,也有機會能與同樣感觸的玩家產生共鳴。

最後,就需要借重我們平常的廣度學習基礎了。是不是看過其他創作作品、藝術概念、音樂、行爲藝術等各種事物,與這件產品本身或者它的使用場景相呼應,帶給你一樣的感覺?將類似的作品提出類比,介紹給讀者知道,可以增加文章的深度與可信度,才讓一段文字不僅只是「心得感想」而眞正是擁有實用價值的品味文案。

【技巧3】用「個人回憶」引發珍貴感受

對於每個不同的個體來說,除了社會上定義的珍貴稀有之外,個人回憶當中難以重現的事物和體驗也具有特殊性。例如看見極光、遇上瀕臨絕種動物,或者再次見到已經拆除的建築等。最近因爲翻拍《天橋上的魔術師》電視劇,而重現二十年前的臺北中華商場景色,勾起許多老臺北人的回憶，因而引起熱烈討論也是一個例子。難以重現的景色會讓曾經經歷過當時歲月的人，以及對城市歷史有興趣的人，對於這部片產生更多的期待感。

難以重現的體驗是指什麼呢？要勾起消費者想要以購物來重溫難以重現的體驗，就要盡量在文案中寫出細節與差異。這裡舉個例子，當我說到「鮭魚」的時候，有些人想到的是回家後媽媽端上桌外皮金黃酥脆的煎鮭魚；有些人想到的是迴轉臺上一手拿下兩個的握壽司；或者推開沈重木門的當下，板前師傅正好刀光一閃；還有些人想到的是從溫哥華駕船出海，五十幾磅重的巨大鮭魚嘩然衝出水面⋯⋯。這些體驗有些容易再現，有些卻成本較高，當文案讓消費者回想起難以重現的體驗時，直接打開購物車買買買，恰就是最容易重溫舊夢的方式了。

【技巧4】由「時間」創造稀缺性

如果你沒有辦法隨時買到某種商品，在無法購買的時候是不是會有種念念不忘的感覺？透過文字加強人們意識到**商品並不是隨手可得**的第一種方法，就是用描寫時間來創造「可能買不到」的緊迫感，或者「好像很名貴」的崇拜感。

上市的時機

你可以透過寫出多久才有機會買到產品來向消費者強調其稀缺，最常見的例子就是百貨公司的週年慶，雖然大家都知道每年都有一次週年慶特價，但是在一年一次的印象之下，就會激起人們害怕稀缺的搶購欲。除此之外，與習俗和文化相關的節慶消費也要把握。

- ◀週年慶最後72小時！
- ◀情人節婚紗星空試穿場，一年一度只有三天！
- ◀夏換季清倉，鳶尾花洋裝唯一告別特賣。
- ◀十二年一遇小牛致敬色限定款。
- ◀經典電影二十週年數位修復版特映場。
- ◀土用丑日吃鰻魚。

原料的供應

除了企業自己可以控制的上市時間外，利用說明原料有什麼特定的供應季節或時間條件來強調稀有更有力量，因爲消費者會認爲這不是刻意打造的消費行爲，而是先天條件的限制，因而更有說服力。可以用在有產季之分的生鮮蔬果上，例如一年只有七八月盛產的龍眼荔枝，就很適合強調及時品嘗。

- ◀今年諾貝松禁止進口，最後五組聖誕花材釋出。
- ◀玉荷包荔枝產季倒數十四天，品嘗正是時候。
- ◀每天僅能運送十公斤軸承零件。

製作耗費時間

強調製作流程所花的時間，不僅能夠說服消費者商品數量的稀少其來有自，也能同時顯示商品細緻的工序和嚴謹的品質把關，加強品味消費者的購買決策。

◀ 文火慢熬八小時。

◀ 耗時三年、七千分鐘膠卷拍攝！

◀ 七道製作工序需要五位師傅共同花費十天才能完成。

◀ 老闆六十歲了！魚貨供應要視每日捕撈狀況而定。

時間限制的注意事項和選用字詞

時間限制如果太常使用，反而會讓消費者產生痲痹與不信任感，而且市面上早已充斥著限時限量的描述，所以如果想要經營品味的形象，更要特別注意。可以在使用時間限制時建議採用較**不常見的字詞**並描寫細節，來避免疲乏無感的狀況發生。比對一下，前面曾舉過的例子：

（×）夏換季清倉，新款下架唯一特賣會

（○）夏換季清倉，鳶尾花洋裝唯一告別特賣

（×）情人節婚紗體驗會，一年一度只有三天

（○）情人節婚紗星空試穿場，一年一度只有三天

（×）每天僅能運送十公斤關鍵原料

（○）每天僅能運送十公斤軸承零件

當我用少見的「告別特賣」、「星空試穿場」取代「特賣會」、「體驗會」並用具體的「花洋裝」取代「新款」，文字看起來就更有新意且能吸引人。而明白告訴大家需要運送的原料是「軸承零件」，也比沒有告知來得有可信度。

（×）耗時三年拍攝

（○）耗時三年、七千分鐘膠卷拍攝

使用時間程度的描寫時，最怕的就是**人們對你提出來的時間沒有感覺**，例如一部電影聲稱

耗時三年拍攝，若你不知道拍一部電影只需要兩個月，這個資訊就無法影響你的感受；相反的，如果加上實際拍攝的分鐘數來當例子，讀者就很能跟電影實際的長度比對，進而感受到製作的用心。

【技巧5】由「空間」創造稀缺性

除了時間之外，地理上的區隔也能讓消費者認知到某項商品的不易取得。就如同大家旅行時總會產生想要買紀念品的衝動，強調空間的易達性很低也可以創造出過了這村就沒那個店的稀缺心態。用文案描述空間時，要把握的是讓空間的想像細節化、精確化，也可以配合版面的視覺設計來進行。

製作與生產的地點

這件商品來自哪裡？由誰所做？這些背景會改變消費者對產品品質的認知。例如大部分的人會認爲德國的工業特別嚴謹、臺灣的紡織產業很強等，所以我們可以把製作地點也寫出來，進一步加深消費者對品質的信賴。除此之外，如果是以其他國家文化當作主題，進行多種商品的策展，喜歡類似生活風格的消費者也會被吸引，這時文案就不只具備說服消費者認可品質的功能，也具有吸引同好的功能。

- 鹿港天后宮七十歲老師父親手剪黏工藝
- 京都三百年丹後縐綢和服
- 百貨舉辦韓國京畿道物產展

販售的地點

有些東西除了生產地點能夠顯示品質之外，也有可能出現限定通路或當地才買得到的狀況，或者在某個地方特別受歡迎的現象。無論這些狀況是企業有意的市場策略，或者才後來發現自己的商品有這個特色，都適合拿來當做宣傳，強調只能在特定地點獲得的獨特體驗。

◀ 小樽限定夕張哈密瓜霜淇淋
◀ 免稅通路獨家銷售
◀ 紐約時代廣場上班族最夯的甜點，每天銷售超過一千個
◀ 九十天限定快閃店

使用的場景

如果製作與販售的地點不夠吸引人、製程並非產品優勢或者與產品特色沒有相關，你可以考慮把產品和使用的場景透過對地點的想像連結起來。此時選擇場景的基準同樣要讓受眾覺得是難得在日常生活中遇見、文化差異大、或者具衝擊印象的，才會喚起消費者心中對於珍貴稀有的渴望。

◀ 把離島的純淨湛藍帶回家
◀ 重現羅浮宮萬燈輝煌的優雅夜景

地點選擇的注意事項和選用字詞

地點描寫相對於浮濫的限時限量說法，還算是新奇少見，需要注意的主要有兩件事情：第一，描寫是否足夠仔細生動有辦法讓人身歷其境；第二，使用的意象對於受眾來說會不會太平淡導致沒有特色，或者太刁鑽而讓人無法理解。

（×）百貨舉辦韓國水原市物產展

（○）百貨舉辦韓國京畿道物產展

京畿道是類似大臺北地區的行政區，地理涵蓋範圍較廣且當地政府投注在推廣的資源也較多，因此有較多關心韓國流行的人知道當地的特色是什麼；而若將範圍縮小到水原市，就因爲關注領域太窄而有可能失去以上優勢。

（×）京都和服

（〇）京都三百年丹後縐綢和服

（×）美國熱銷甜點

（〇）紐約時代廣場菁英的週末夜甜點，每天銷售超過一千個

反過來說，如果使用的地點範圍太廣，你也沒有辦法讓受衆感覺到產品可以帶來什麼特別的體驗。例如在臺灣大部分的人對「京都」這個地方的認識很鮮明，已經知道是保留傳統文化與工藝的城市時，就沒有爲產品「和服」帶來更多耳目一新的資訊。或者第二個例子中人們對「美國」認知很分歧時，他也沒辦法馬上認知你想說的是步調快速的紐約、華盛頓，或者先進的矽谷，甚至粗獷的德州等，導致意象模糊沒有吸引力。因此，依據你對受衆習慣與文化的了解，彈性選擇適當的意象才是最重要的。

【技巧6】由「可複製程度」創造稀缺性

限量商品這個廣泛被使用的手法，除了由數量多寡進行描述之外，可以透過**說明**造成它數量稀缺的原因來展現出珍貴價值。限量代表的是難以取得，而在現代社會中因爲市面上早已充滿各式各樣的商品可以互相取代，所以文案中還要記得描述自家產品與競品不一樣的地方，避免限量失去意義。

產品的數量

告訴消費者產品的數量不多，是激發還在觀望的潛在消費者的重要拉力動機。目前市面上大多會以折扣搭配限量的方式創造出不快買就損失的感覺，或者以分批上市的策略來進行讓人想要卻買不到的飢餓行銷。

◀ 限量五百個。

◀ 每店限量十組！

◀只剩四十二件！

◀首波上市三千臺。

製作的限制

上面寫到的是數量限制的事實，但卻**沒有寫數量限制的原因**，因此雖然能夠創造急迫性與稀缺感，卻不足以創造珍貴的感受，因此寫文案時還可以透過告訴讀者產品數量稀少的原因爲何，來加深消費者對產品的認識，藉以提高價值。

◀每個月僅能生產兩百個

◀製作過程需要花費三個月又十天

◀全世界只有十家廠商有能力生產

◀超過三十道製作工序，每道工序平均要花四小時

購買條件

除了一般長銷型商品之外，品牌有時會推出少量特別版的產品或贈品，以供鞏固消費者忠誠度之用。這些產品可能不是爲了要賺錢生產出來，而是用來創造消費者與品牌之間的黏度，讓消費者提升對品牌的好感進而持續消費。常見的例子包括酒商製作的玻璃杯、開瓶器或者周邊商品，車廠推出的模型、皮製鑰匙圈等，這種產品經常會設置購買條件，或者生產的數量特別少，我們可以描述這些商品的發行背景，來讓受衆產生尊榮珍貴的感覺。

- 只獻給長期關注我們的老客戶
- 品牌十二月單筆消費 TOP 5% 顧客獨享
- 金星級專屬回饋禮

再版與聯名

不同於經常需要重複購買的消費性民生用品，用過之後不需按時回購的流行性產品如服飾、玩具、書籍等，就會利用固定的生產週期與數量，規劃推出不同的樣式與主題來吸引消費。這個概念也可以延伸至其他產業運用，來創造出既珍貴又別具新意的感覺。要注意的是這些概念雖然需要企劃執行的幫忙，但是也需要在文案中清楚的寫出主題款式規劃的由來，才能讓消費者感知到它的珍貴。

▼ 1950s 軍裝大衣絕版五年首度復刻，絕不再版

▼ 百萬網紅聯名推出

▼ 西半島六大溫泉首次聯辦冬日暖遊

可複製程度字詞使用時的注意事項

珍貴的感覺不限於特定產業才能擁有，但如果描寫的重點太過聚焦在「因爲稀有所以珍貴」，不考慮原本的品牌調性或者產品屬性、不考慮消費者對產品的認知程度、也不考慮市場上有沒有其他競品存在時，有時會將溝通的重點放錯在強調數量稀少，而非強調少量這件事爲

什麼對消費者有價值。

例如說限量五件的特價商品當然數量稀少，但是不能擴大解讀成只要舉辦限量活動時，則產品就必定是珍貴的象徵。因爲人們知道限量打折這個狀況並非日常會碰到的狀況，而是透過企業特意規劃出來的環境，所以雖然人們仍然會因爲「害怕稀缺」的特性而讓產品的吸引力提升，卻不會因此而立刻影響某一特定消費者對產品的評價，讓它一躍成爲品味的象徵。

溝通「限量」概念最好的時機，**是在消費者已經對產品有一定的好感或印象，在決定購買前一刻作用最大**。對消費者來說，未曾理解過的陌生領域，必然沒有包含在自己的興趣嗜好中，當然也不會是自己能夠發揮鑑賞品味的標的物。舉例來說，當你逛百貨公司時看到「限量五件」的標語，如果是你不感興趣的品牌或產品（例如限量五件紫色高爾夫球桿），你可能根本不會靠過去看一眼；但如果已經挑好兩三件不同款式正在猶豫不決時，專櫃服務人員一句「這款是最後一件囉」就會讓你產生自己很有眼光，所以限量品非買不可的衝動。

【技巧7】由「新鮮感」創造稀缺性

人們之所以會追求珍貴稀有的事物，除了彰顯個人地位之外的另一個原因，就是想要獲得強烈的體驗價值。也就是說透過文案的描述讓受眾耳目一新，相信購買產品或服務之後，會獲得非常具有新鮮感的稀有體驗，消費者也會積極的在早期上市階段或者剛看到廣告時就想嘗試。

前所未有的產品

如果這項產品過去從未出現，且能解決消費者生活上某些問題的話，你可以利用誇飾的手法將解決問題的景象寫下來，讓讀到文案的人對這種自己從來沒有遇過的事產生好奇，進一步購買產品。

公式：誇飾使用者身份的新名詞＋這些人拿產品來做什麼

◀ 未來人的移動方式（賣新功能車）

◀ 印度皇室近百年來初次公開抗暑對策（賣健康花草茶）

公式：人們在哪裡使用產品＋誇飾產品效果的新名詞

- ◀ 用光把山路塗上彗星色系（賣超亮頭燈）
- ◀ 身體細節的零摩擦力革命（賣保養品）

不可取代的體驗

如果產品主打感性價值，也未必具有顚覆性的功能改善，主要的用途並非拿來解決問題時，你還是可以強調使用時的感受，來讓消費者認爲將會獲得獨特的體驗。這時候具體描寫想像中的每一個細節就很重要，能讓消費者在腦海中切實產生情境。

- ◀ 落入海平面下五十米，以月光與魚鱗附著純淨顏色（賣珍珠項鍊）
- ◀ 歐洲家飾展主流的低背設計，配上符合國人生活習慣的高背枕（賣手工沙發）

新鮮感描述時的注意事項

新鮮感的反面就是習以爲常，因此想要透過新鮮感來撰寫品味產品時，盡量不要選用太過常見的字句來撰寫。但是針對不同的產品受衆，字詞常見與否的標準會落差很大，而且如果使用了太過拗口的詞彙，也會讓文案變得不眞實。因爲在不同的產業和受衆細分之下，不可能完全列舉出所有可能使用到的字詞，所以用系統化的質性檢測方式來驗證文案內容，會讓你更容易確認文案的優劣。你可以透過以下的驗證方式，來確認自己的文案是否太過於簡單或者複雜：

1. 檢查同樣的詞語在一個段落中有沒有出現三次以上（產品名稱除外），有的話請置換
2. 分別詢問隨機三至五位同事或朋友，還有三至五位目標受衆族群對文案的看法
3. 有沒有哪幾個字詞是喜歡或不喜歡的，爲什麼？
4. 有沒有哪幾個字詞看不懂，或者覺得太普遍？
5. 請對方以創新程度一至十幫你評分
6. 請對方以喜愛程度一至十幫你評分

美學感動驅使人們進行品味消費

爲什麼人們會想要消費美好的事物

二十世紀後期美國哲學家理查德．羅蒂（Richard Rorty）說：「好生活的標準，就是欲望的實現、自我的擴張、對新感性跟新品味的追求、探索越來越多的可能性。」就如同人們餓了想吃飯、渴了想喝水，人們同樣會想要追求「美感」這種感官體驗。雖然每個人對於美學的要求程度不同，會依生活經驗、價值觀、時間和金錢等資源而有所差異，但是只要經濟狀況允許，必然會產生購物、玩樂、參加興趣團體等與美學品味有關的消費行爲。

有時候，企業會落入產品功能的迷思，認爲一件商品一定要經濟實惠，必須滿足人們在某些實用層面上的需求，才會有人想要購買。例如賣車必須溝通它的馬力、賣電腦必須溝通它的性能、賣食物就一定要訴求新鮮健康等。這樣的思路沒有考慮到「審美」也是人們的需求之一，因此在行銷時會忽略了推廣美感賣點的策略佈局。但事實上**商品的外觀設計以及整體呈現的氛圍**也是產品的其中一個功能，它滿足的是人類知覺和認知上的渴望。

固然產品的美學可以透過包裝的視覺呈現或者本體的工業設計水準來表現，但是如果遇到散裝食品、農產品、旅遊行程這些很難透過設計介入來改變的產品的時候，是不是就沒有辦法提升產品的品味？這時候文案就派上用場了，我們可以利用文字與設計先讓受眾感受到產品將爲他帶來的美感體驗，進而誘使他消費。

美學形式與文案修辭

雖然人們評斷美的事物的方式，會因爲不同的生活經驗而有所差異，但是人類對於美的感受仍然具有共通性，學理上將它們稱爲「美的原則」。美的原則不僅在設計上適用，而在文案撰寫時也與各種修辭方式有異曲同工之妙，以下我們就來看看美的各種原則，可以怎麼應用在文字撰寫的場景：

對稱（Symmetry）

對稱是所有美的原理中最常見的一種形式，不僅時常被用於各種設計手法，也廣泛地存在自然界中。像是人類的五官、蝴蝶的翅膀、生物的形體都具有對稱的特色；而在文字創作上，「對聯」就是一種活用對稱手法的經典案例，透過字數相等、字詞相對、平仄協調，還有意涵相似、相連或相反，來創造出四平八穩的安定感與莊重的美感。

因爲受到傳統文學教育的影響，有些廣告會對文案裡「對稱」的美感產生誤解，認爲必須寫得像唐詩裡面絕句律詩型態裡，五字五字相互對稱，甚至還混合了駢四儷六與四字成語的過往認知，寫出許多像是「尊榮極品，盡在掌握」看似高級實則空泛的文案。爲什麼這樣的對稱不好？因爲成語或者文言雖然是歷史流傳下來的經典，卻也代表它已和現代人的習慣表達方式脫節，人們看到這樣的內容時，需要想一想才會知道那是什麼意思，所以才會說它不適合使用在文案當中。例如「錦心繡口」這句成語的意思，是優美的思緒與華麗的詞彙，但是我們閱讀這句成語時並不會產生感動。臺灣樂團「來吧！焙焙！」中有句歌詞恰好是類似的意思：「你有顆金子般的心臟／我不知道它是在什麼地方」，我們可以發現與其使用文言文，挪用意象再用現代的語氣說出來時，反而更讓人產生共鳴。

撰寫對稱形式的文案，並不是要你堆砌華麗的形容詞或者使用許多成語典故，而是要在口語化的基礎之上，把說法更加精簡之後，加入容易記憶和覆誦的元素，讓本來白話的內容更容易被記住。

現在文字對稱的手法雖然已經不像古時候書寫文言文這麼常被使用，但是在廣告文案還是經常看到。像是遠傳電信「只有遠傳，沒有距離」這種前後兩句字數相等的廣告標語就是最明顯的對稱形式例子。

廣告標語的對稱形式

只有遠傳，沒有距離

說明：遠傳（歧義，品牌名也含有傳播遙遠的意思）
只有↕沒有（意思相反）
遠傳↕距離（對比）

反覆（Repetition）

反覆又稱爲連續，指的是把同樣的元素重複排放，彼此之間並沒有主次的關係。例如排列有序的地磚、整齊劃一的軍隊閱兵等都是反覆的形式，流行歌重複演唱副歌段落，讓聽衆可以對該旋律印象深刻也是反覆的例子。

在寫作中，重複出現的句子或者詞語也利用到反覆的原理。反覆的手法另一個明顯的好處，是可以讓聽的人更容易記住這些不斷重複的詞語，這些詞語可以是產品功能，也可以是品牌名稱，還可以是品牌的波段溝通策略。知名的斯斯感冒膠囊廣告歌曲就是一個明顯的例子，「感冒用斯斯（用斯斯）、咳嗽用斯斯（用斯斯）、鼻塞鼻炎用斯斯」的洗腦歌詞不僅在臺灣人心中留下印象，甚至因爲二〇一一年亞洲職棒大賽轉播的機緣紅到日本，在網友間掀起一股翻玩的熱潮。

但反覆的形式不僅有好記好念的效果而已，在美感體驗上它會帶來單純規律有秩序的感受，除了字詞的反覆之外，我們還可以使用形象的反覆、角色的反覆、情緒的反覆等，讓消費者對文案想要強調的重點更有印象。

這邊拿我參與的捷運北投會館文案當做例子，這篇文案的限制在於北投會館的硬體設施沒有更動之下，如何把本來屬於捷運公司附屬設施的場館寫出獨特的趣味。於是我決定把在捷運公司員工的普通生活，基於不同的時間點拆解出不同的情緒感受，再將可能發生的行爲一一列出，利用多次的反覆手法，來讓讀者的印象更深刻。

廣告中的反覆形式

工作是為了承載日常，而日常的細節逐漸構成了更好的生活體驗。臺北城郊，河那頭的山腳下、機場旁捷運調度線的盡頭就是北投會館，是捷運人的另一個祕密基地，這裡比公司再悠閒一點、比度假再上進一點、比回家再同溫層一點，有吃、有玩、有學、有動。

說明：字詞反覆：比……再……一點

字詞反覆：有……、有……

角色反覆：公司／度假／回家↓同一個人的不同角色形象

行爲反覆：吃、玩、學、動↓同一個人的不同行爲

漸變（Gradation）

漸變的意思是所有的構成元素逐漸改變，例如，顏色的漸層、樂曲的漸強或漸弱、同一種形狀的漸大或漸小等，逐漸加強或減少的層次變化。漸變兼具反覆原理的秩序性，又因爲加上了逐漸的改變而更活潑，會帶給受衆生動輕快的感受。

在文案中，可以是懸疑的層層堆疊、期待感的遞進、感官的加強描述等。而使用漸變手法除了帶來順序的指引之外，還可以反其道而行，突然跳脫人們對於漸變的預期心理給予衝突，來製造內容的高潮。在銷售頁中十分容易見到這種手法，一一列舉出受衆可能遇到的困擾後，再告訴消費者說自己推出的產品就是他們所需要的解決方案。

我以下列美妝保養品牌常見的例子，文中的五個問題，就是職業女性肌膚問題的構成元

素，依序從嚴重到輕微排列下來的結果。先列舉出大部分受眾可能遇到的問題，如果有確實的描述到消費者現正面臨的情形，就會吸引對方一直看下去，因此最好將最嚴重或者最多人遇到的狀況排在最前面。

廣告中的漸變形式：問題漸變

職業女性肌膚問題的構成元素

日常工作已經夠惱人，炎熱的氣候還來搞破壞？

在東亞，80%的職業女性因為以下五個原因，

而不敢跨出保養的第一步……

◆忙碌導致沒時間比較各種保養品牌

◆熱帶氣候導致膚質天生不良，更怕用錯產品讓臉蛋後天更失調

◆油性膚質過度保養，皮膚反而更乾燥

◆市場上大部份保濕產品質地厚重，好悶熱油膩
◆找不到價格預算可負擔的天然產品
你需要100％清爽、100％保濕、100％簡單的保養方式！

而當我們想要撰寫以烘托品味爲主要目標的文案時，同樣可以採用漸變的手法，只不過不再強調產品的理性功能，而可以描述產品如何觸動使用者的情緒和感官體驗。例如以下我曾執行的飯店文案，就是以散步途中周遭環境的漸變，來加強受衆對商品的期待感。

廣告中的漸變形式：環境漸變

在大樹下發呆夠了就出發，和溪裡的動物玩一玩、走到園子裡找落果、等蓮花慢慢地開。寧靜的洄瀾野地，等著你發現細微之處的美好與從容。

說明：在大樹下發呆夠了就出發：起點，從靜止到起身的動態
和溪裡的動物玩一玩：漸變點一，動物＋快速的動態
走到園子裏找落果：漸變點二，植物＋緩慢的動態
等蓮花慢慢的開：漸變點三，植物＋靜態

對比（Contrast）

對比的意思是把兩種性質完全相反的要素放在一起，藉以凸顯兩者各自的特質，也能帶來兩者互相比較的緊張激烈感受。對比手法也可以拿來區分人我與強調主從關係，如果使用對比手法來凸顯主題時，通常主角會小、配角會大，讓受眾得以聚焦在主題上。

例如，中華電信的標語「世界越快，心則慢」，就是以時間的快慢對比，用廣大快速的世界當配角，來指出品牌希望消費者回歸體察自我本心步調的重要性。撰寫文案時，無論是物體的形狀、程度、時間、色彩、情緒等，都可以當作對比的素材。以下這些經典的廣告標語和名言，都有用到對比的手法。

◀形狀：鼻子尖尖、鬍子翹翹、手裡還拿著釣竿（波爾茶）

◀程度：我的一小步，人類的一大步

◀時間：再忙，也要和你喝杯咖啡（雀巢咖啡）

◀色彩：肝若好，人生是彩色的；肝若不好，人生是黑白的。（許榮助寶肝丸）

◀情緒：萬事皆可達，唯有情無價（萬事達信用卡）

節奏（Rhythm）

規則或不規則的反覆排列，或者週期性、漸變的循環，都會讓事物產生節奏感。節奏又稱做律動或韻律，大自然裡的日升日落、海潮波浪的起伏、風吹過稻浪都會帶來富有節奏的美感。節奏與時間的推進有很密切的關係，音樂、舞蹈、戲劇、電影中的鬆緊張弛規劃，也會產生節奏感。

在文案撰寫時，可以注意文句唸起來的抑揚頓挫或者文章的斷句長短，來創造節奏感。如果想要培養文字的節奏感，最簡單的方式就是多讀詩詞、多聽音樂。因爲這些作者會使用押韻、配合旋律填詞等手法撰寫文字內容，和我們要追求文案中的韻律表現這個目標是相同的。像是中國嘻哈說唱節目《中國新說唱》中，就把這些手法做成字幕動畫，不僅增添節目的可看性，你也可以邊聽音樂邊培養自己對節奏的感受力，甚至把這些歌詞當作是押韻字詞的題材庫記錄下來。這裡補充幾個饒舌歌手使用的押韻方式，我們也可以把它用在文案中：

文字中的節奏

單押：最後一個字韻母相同、聲調相同。例如：文案、習慣（ㄢ韻）

雙押：最後兩個字韻母相同、聲調相同。例如：文案、神探（ㄣㄢ韻）

多押：最後多個字押韻。例如：PG One《Muramasa》歌詞中：「鼠目寸光勸你早點睡，睜大狗眼看我裝滿保險櫃」（三押，ㄠㄢㄟ韻）

押頭韻：聲母相同或開頭的字押韻，與中文相較更常使用在英文句子中。例如批評（聲母ㄆ）、safe and sound 安然無恙、Coca-cola 可口可樂節奏的運用手法較常在品牌故事、社群文案、廣告腳本等具有一定長度的文案中看到，具有節奏感的短文往往具有斷句得當、語氣鏗鏘、閱讀流暢的特點，讓人可以不知不覺就閱讀完畢並且吸收作者想要傳達的內容。

比例（Proportion）

說到比例，最著名的大概就是長寬比是 1：1.618 的黃金比例，還有經典的費氏數列 3：5：8。比例是在同一個整體中，部分與部分之間、或部分與整體之間的關係。在視覺設計上，有遠近、大小、高低、寬窄、厚薄等相對關係標準，具有美感的比例劃分，也會符合調和、均衡、對稱等美學原理，讓受眾產生穩定平衡的感覺。

上面說到的節奏感和韻腳、斷句以及詞性都有關係，因此斷句的比例和節奏經常會共同討論。撰寫文案時，若需拿捏句子長短、段落篇幅和字詞密度時，就會用到比例的美學原理。例如長短句的運用，社群貼文的段落、詞語的使用等，都能運用比例來判斷。跟長句比起來，文案中使用短句、斷句更利於消費者閱讀廣告和記憶品牌。你可以使用以下這些斷句方式，來讓文案更鮮明。

邏輯轉折

就算整篇文案都在講同樣的主題，但是遇到內容邏輯有變化時，就應該斷句，來給予讀者停頓與思考的空間。當文案的原始草稿可以用「因爲……所以……」表示時，最適合這種斷句方式。例如將「因爲想賺大錢，所以進修學習」轉換成文案「爲了成爲老闆的老闆，我們閱讀」，前半句述說情境與動機，後半句述說做了哪些行爲；中間的停頓就是讓讀者認同動機、覺察自己是否需要它的喘息空間。

強調價值

在寫到產品想要推廣的重要賣點前，你也可以斷句，藉以吸引讀者的注意力。這裡的斷句並不是像上面的例子那樣用來製造轉折，而更像是利用標點符號來爲文案畫重點，把想要強調的價值框起來。

強調價值前：這是＿＿＿＿的產品
強調價值後：這是，＿＿＿＿的產品

舉例：這是一個，把剔透和溫潤合而為一的杯子。

認知斷裂

我們還可以在本來不需要斷句的地方刻意斷句，藉此製造出怪怪的感覺，來突破消費者的閱讀慣性，讓他們不再習慣性的忽略行銷廣告，傳統紙本雜誌當中常用的排版手法「首字放大」也是運用這個概念進行的。如果你還沒有辦法完全掌握使用字彙和創新的意象運用，來讓讀者耳目一新的話，可以試試刻意斷句的方式來**創造新奇感**，就算是「吃一頓．快樂」這種簡單的字詞也可以很有感。

簡約（Simplicity）

簡約是指以最簡化的形式來表現溫和、平靜、樸實無華的美。去除次要和多餘的裝飾，只用簡單的形式來表現內容。簡約也是一種時尚潮流，從包浩斯建築的「少即是多」，到Apple、無印良品的設計哲學，都來自簡約的美學原理。

簡約原則體現在文案的口語易懂。用口語來撰寫並不是說所有的修辭都不能使用，而是在我們講一件事時，能盡量選用受眾都理解的大眾化意象，但是卻有與眾不同的觀點。舉例來說，我曾經執行的玻璃杯文案使用情境：

> 厭倦把天氣當作社交開場，拿起唇感杯當作話題，聊聊關於怎麼做事、哪裡廝混、誰很甜的那些事情。

其中「怎麼做事」就是職場工作的口語化說法，刻意使用簡單直白的講法凸顯日常使用的實際場景，拉近產品與消費者的距離。

【技巧8】用「感官」模擬感動

除了按照美的原理來規劃文案形式外，我們可以利用感官的體驗來撰寫文案內容。運用視覺、觸覺、味覺、聽覺、嗅覺五感撰文說來很常見，但文案描繪得是否精確，就要靠有系統的拆解五感來達到，可以透過三個方向來練習：

- ▼實際的感受：直接接觸物體時，有什麼感覺？
- ▼產生的原因：這個感覺是靠著什麼產生出來？
- ▼不同的詞語：描述它們的時候，換句話說會不會帶來不同的感受？

寫下直接接觸物體時的感受是最基礎的做法，但建議要有次序的進行觀察，才不會遺漏有機會作爲文案賣點的產品特色。視覺的部分包括可以描述這個東西的顏色、形狀、大小、距離的遠近，這個地方有什麼景物、裡面的人有什麼動作、或者這個空間的相關配置等等。聽覺方面，我們可以講聲音的高低、強弱、快慢、情緒等。觸覺上，我們可以寫這東西的軟硬、冷熱、輕重、粗細，或者質感是不是刺刺的、滑滑的、黏黏的。描寫味覺的時候，除了大家常見的酸甜苦辣之外，也不要忘記鹹辛澀甘這些較少見的味道。

而**產生的原因**也能拿來讓感官印象更強烈。比如說描述嗅覺時使用烤肉的「烤」，或者是說明「風吹的時候」把氣味推送過來等等，經典的「一家烤肉萬家香」廣告詞，就充分的運用了嗅覺的來源（烤肉）、程度（萬家），只強調醬料的香氣並捨棄行銷食品時常用的口感描述，用嶄新的視角側面證明了它的美味。

使用不同的詞語，會讓感官體驗更清晰。例如描述嗅覺時「桂花香」就比「香氣」更具體，或者可以直接寫出氣味來自臭豆腐的味道、洗衣粉的味道等等；描述聽覺時可以使用各種不同的狀聲詞像是「叮鈴叮鈴」、「噗通噗通」、「咕嚕咕嚕」等，來取代清脆、混濁、低沈這些形容詞，更清楚地讓讀者想像出自己聽到了什麼樣的聲音。而描述味道的方式除了口腔可以感受到的基礎體驗外，描述方式還會因爲不同文化的飲食習慣而有所不同，例如在咖啡、品酒領域就會有很多不同的味道描寫方式，如果想要尋找更多味覺文案的素材，往美食媒體去找也是不錯的方向。

除了直接描寫之外，還可以透過互相轉換的手法來轉換成創新觀點，這樣就能讓體驗更鮮明。

想要強調相機的美肌模式效果好，傳統的寫法是「一拍卽修，自然亮眼」；但如果用五感當中**的觸覺場景來置換視覺**，就可以寫成「隔著螢幕都掐得到的粉嫩」。如果想要形容香水很香，常見的寫法是「沁入心底醉人芬芳」，我們可以用觸覺和視覺來轉化寫成「濃紅色玫瑰、纏緊你的嗅覺」。

【技巧9】用「美學」感動擄獲文化消費者的歡心

如果想要擄獲高文化資本的品味消費者歡心，製作出合乎美學原理的廣告行銷內容會是必要的條件。因爲現代社會中，品味的有無已不僅止於知識的多寡，更是人們價值觀和生活風格的呈現，品味是每天都在實踐的事，而不是只有在特殊場合才使用的技能。

品牌在和潛在消費者接觸的第一時間起，消費者就已經在對品牌打分數，判斷品牌是否和自己擁有同樣的價值觀、是不是能夠爲自己提供融入生活風格的商品，並據此決定是否購買，而不是等到使用商品那一刻才下判斷。因此，如果你的品牌是以文化或設計爲主要賣點，在製作行銷廣告時**除了關注視覺素材，也不要忘了寫作的形式美感**。

法則 9

社交需求切入文案溝通，滿足融入群體的渴望

人的社交需求是什麼？

哲學家亞里斯多德說：「人是政治／公民／社群（politikee）的動物。」社會是人類群體共同生活的地方，社會上擁有不同的獨特文化跟習俗，各種不同的族群在這裡活動、群聚，並且生存下去。因爲人類無法離群索居、時時刻刻都會受到外在環境的影響，所以人們會希望受到

外界接納，社交需求也因此產生。

人的天性會想要避免勞累、享受輕鬆的生活。這兩件事情都可以儲備能量，就好像原始的動物們會儲備能量準備過冬一樣，準備額外的物資是保障自身生命安全的方式，也是與生俱來的本能。如果人們能夠藉由自己的所作所為，讓別人覺得自己在社交活動圈中處於頂層或者相對優越的位置，就更容易在團體中獲得資源以及其他人的尊敬。且當其他人覺得某人表現傑出專業有說服力，那麼溝通的成本跟取得資源的成本也都會降低，讓自己擁有更多餘裕，這就是人們想要獲得社會地位的原因。

所以說在這個社會當中，人類會產生想要獲得別人認同的需求，是藉此希望能夠讓自己在群體生活中過得更和諧、更輕鬆。當我們撰寫任何商品的文案時，都可以從「透過消費可以提高某人在社群中的階級」這個方向著手進行。接著我想要分享與提升社會地位相關的文案撰寫方式：使用物件烘托、描寫嚮往場景、創造身份連結。

使用文字展現令人嚮往的優渥生活面貌

經濟學家范伯倫（Thorstein Bunde Veblen）的經典著作《有閒階級論》（The Theory of the Leisure Class）中，第一次探討財富階級會進行炫耀性消費和炫耀性休閒的現象，他們花費大把金錢來顯示出自己的地位比其他人優越、刻意不做許多會讓自己「有失身分」的事。接著保羅・福塞爾（Paul Fussell）在《格調》（Class: A Guide through The American Status System）一書當中，也將社會階級從頂層到底層分成九類。我想要從中挑選一些關鍵字，來當作描述這些族群時的切入點：

社會階級與關鍵字：頂層與上層

看不見的頂層：繼承財產、無需工作、隱私與隱蔽、居住在深山或小島、態度輕蔑。

上層：國會、銀行、安逸安詳、醒目、炫耀、賓客眾多、理所當然的昂貴與高級、用名字命名的街道、馬術。

總結來說，越高的社會階級，越會表現出以下的特色：

◀ 因爲承繼古老財富與傳統，所以保留著對歷史的崇敬。

◀ 習慣他人服侍，因此使用許多難以清潔保養的物品。

◀ 承上，不在乎物品的科技革新與技術性。

我們可以發現上流階級習慣高品質的生活方式，在凡事無需自己動手、擁有無盡財富的前提下，養成了把時間精力大量花在感官享受的行爲模式。

但是神祕的上流階層富豪們，距離一般人的生活還是有點距離，這時候就輪到中上層階級出場了。書中提到中上層階級是「一個有錢、有趣味、喜歡遊戲人生的階級。所有比這個階層低的階級，都渴望成爲中上層階級。」

社會階級關鍵字：中上層

中上層階級的元素：專業人士、法律、石油、航運、房產、貞潔、角色固定、放鬆、遊戲感、適度的嘲弄、高爾夫球、網球、遊艇。容貌漂亮、表情含蓄、身材削瘦、不使用染髮或假髮、藏青色或柔和低調的暗色、動植物纖維織品、沒有品牌標記、不過份謹慎仔細與整潔。

上面說到的這些元素，涵蓋了人在物質要求、所處環境、情感表達、參與活動當中的各種不同面向，接下來我們可以一起把這些元素分門別類，運用在文案撰寫當中。

【技巧10】使用「物件」烘托身份地位

修辭中用物體的某一部分來代替全部的「借代」手法，是種讓讀者能夠透過旁敲側擊來找到洩漏的線索的撰寫方式。小說裡福爾摩斯與華生的初次見面場景，就是由細節展現一個人身份的經典場景。

福爾摩斯說：「由一個人的手指甲、大衣袖子、鞋子、褲管膝部、食指及姆指硬化的皮膚、表情、袖口，每一件事情都可以淸楚的看出一個人的職業。所有這些事合起來如果還不能啟發一個有能力的查究者，那幾乎是不可能的。」福爾摩斯看見這個人像是個醫生，但卻有著軍人的氣息，因此推測出他是一位軍醫；又發現他臉部的膚色黝黑、手腕的皮膚卻比較白，所以認爲他的黑皮膚不是天生，而是因爲他剛從熱帶回來。他的臉色憔悴帶著病容、左臂受傷。福爾摩斯想：「英國的軍醫會在熱帶的什麼地方遭到磨難而且還使左臂受傷呢？顯然是在阿富汗。」

正因人身上的每一個小細節都能標示出他的身份，我們當然也能夠使用中上階層周遭經常出現的物件，來讓廣告中的形象爲消費者扮演比自己目前所處的階段更上層的人，滿足人們在社會中想要力爭上游的渴望。

但要選擇哪些物件，則是由想要創造的品味程度而定的。前面說過，在衣食無缺的現代社會，大多數的人都走在追求品味的路上，但是所有人追求的品味消費並不相同。如果想要在這中間尋找通則的話，我們可以說通常人們會選擇模仿比自己的地位還高、卻又看似可能達成的形象。所以我們可以依據這個原則建構品味文案。

依照上面的劃分方式舉個例子，如果想要撰寫旅遊產品的文案，瞄準上流階層的品味文案可以透過描寫物件的細節來堆疊出上流階級的感受：

> 義大利雪花石透光性高且紋路美麗，在沒有玻璃的年代，教堂會將它用於圓頂窗中，經過繁複手工打磨，少見的碗型主燈才終於亮相。屋子裡大部份的桌椅腳都由五十至一百五十年樹齡的橡木製成，老橡木生長緩慢、質地堅硬，更顯歷久彌新。二樓紋路細緻、觸感溫暖的黃檀實木地板，經歷年代仍保有光澤及迷人的樣貌。

無論你的文案是針對哪一種受眾而撰寫，**確切具體的細節都會讓讀者腦海中的想像更鮮明**；而如果要營造質感品味的想像，要用到的就是上流社會裡會出現的物件。例如「燒著爐火的閣樓」就比「房間」來得好、「埃及棉床單」比「被單」來得好、「牛肝菌」也比「菇類」來得好。

要確認哪些物件屬於有機會烘托出質感品味的高階產品，對專研某個產業領域的文案人來說會比較簡單，可以直接詢問主管或資深人員，了解同領域當中最高階產品是哪些，在文案中使用它們的名稱、技術、使用者需求原因等資訊，來讓內容更具體。但如果你不是特定產業領域的文案，就比較需要多花心思在跨領域興趣的培養，並從該主題的發展歷程來著手搜尋資料，找出是否有上流階層行爲模式中追求「崇敬歷史、感官享受、地位象徵」的三種特色。例如上面舉例的埃及棉，就是因爲超長纖維特性，讓紡織品擁有柔軟輕薄的觸感體驗，滿足了「感官享受」的元素，而成爲奢華質感的代表；但如果產品是20英寸晶圓，雖然也屬於業界的頂規產品，但是並不具備歷史性，也不會直接帶來感官享受，且因爲不爲大眾所認識而難以象徵使用者的身份地位，所以無法當作用來烘托質感的物件。

【技巧11】描寫使用「場景」讓消費者產生嚮往

上面的例子中，我們只需透過找出產品當中有哪些細節符合高品質與歷史性兩個可以突顯品味的要素，並誠實撰寫出來，就可以烘托出它的質感。但是如果沒有相關的優勢，或者產品屬於無形的服務或體驗的話，則可以透過描寫使用的場景讓受眾願意消費。根據中上層階級的特性，我們可以在文案中加入會**令人嚮往的元素**來營造出高品味的感覺。

令人嚮往的地點

同一樣產品的使用場景可以有很多，咖啡可以在家喝、邊走邊喝、在連鎖咖啡店喝或者在獨立咖啡館喝。試著把產品的使用場景與中上階層族群會出沒的地點做連結，讓消費者產生自己也能夠擁有高社經地位生活品質的想像。撰寫時可以按照步驟這樣做：

- 我的產品可以在哪些環境下使用？
- 產品的功能會讓消費者獲得什麼好處？
- 哪些場景和利益可以合理的出現在中上階層族群生活中？
- 如何描述這些地點，語氣會更高級？

舉例來說，如果我們要溝通的產品是可攜帶的運動器材，第一步是可以**列出實際使用它的地點來找出可能運用在文案中的場景**，例如是：家中客廳、臥室、陽臺、社區交誼廳、健身房、朋友家中、物理治療診所、出遊出差時的飯店等等。

接著第二步，可以再**列出產品的功能會爲消費者帶來的好處**，像是：社交場合穿衣好看、親友聚會被稱讚、獲得異性青睞、自我滿足、自律、增進健康等。

把所有可能性列出來之後，第三步是**選擇與中上層階級生活方式相關的內容作爲文案素材**，以上的內容中我會選擇「出遊出差時的飯店、社交場合、自律」三個連結點來寫出文案，像下面這個樣子：

> 曼谷窗邊，深夜2點，健身20分鐘，有毅力的人更吸引人。
> 一件西裝，會議前一小時，一組鍛鍊，有毅力的人更吸引人。

兩組文案圍繞著同樣的策略核心，一樣使用地點＋時間＋行動的句型，表達文中的主角爲何要使用健身器材，是由自律的優越感而起，並且能在各種場合獲得實質利益。就像上面兩個例子中的不同場景，一個和差旅較相關、一個和日常應用比較相關，一旦利用文案描述不同的使用場景時，就會引出不同的共鳴。

第四步是**考慮文字的高級感**。例如第一句中我使用「曼谷窗邊」來借代「飯店裡」的原因，是因爲描述旅館的各種白話說法都不夠高級且有歧義，像是飯店、酒店、旅館、客房，都不是中上層階級會使用的詞彙（他們通常會直接講品牌名稱例如四季、安縵、萬豪等等，就像你會直接說要去全家、小七，而較少說要去便利商店買東西）但直接稱呼其他品牌的說法在商業文案中並不太適用，我才會改用城市名（曼谷）與飯店裡會有的物件（窗邊）來描述地點。

令人嚮往的活動

在描寫使用場景時，除了著重於地點和環境的描寫，也可以將重心放在會被大眾嚮往的人們都從事哪些休閒活動、從事這些活動時人們嚮往的是什麼感覺。例如臺北近幾年流行的地下酒吧（Speakeasy）文化，就是現代人品味消費的其中一種模式。這種酒吧形式起源於美國禁酒令時期，因爲公開販賣酒類是違法的，所以經營者多半把店開在隱密處，並且要求顧客要輕聲細語（Speakeasy）來避免引起警察和鄰近居民的注意。

這些場所給予的價值包括感官享樂、舒服而經過設計的空間、調酒（產品品質）、吧臺手（職人知識）、空間設計（歷史與美學）的複合表現。我們可以發現這樣的商業模式和行銷重點，可以印證上流階級的消費習性放到今天依然適用。它與令人嚮往的高社經階級休閒活動中，擁有的共通感官情緒不謀而合，包含隱蔽、安逸、放鬆享樂、炫耀、趣味。因此我們可以善用這些感官情緒來撰寫文案，以下就來看看我們可以使用哪些素材。

隱蔽：被別的東西隱藏掩蓋，因此不容易被發現。

隱私：不想讓人知道或不受他人打擾

相關詞：潛伏、隱藏、隱秘、隱瞞、埋沒、障翳、暗藏、潛匿、掩蓋、藏匿、潛藏、湮沒、私密、祕密、機密、絕密、隱秘、低調、內斂、含蓄、沈靜

在選用字詞的時候要稍微注意的是，和隱蔽相關的詞彙如果用得不好，會有沒自信或者做壞事的感覺（例如潛伏、藏匿、隱瞞等）這時候我們可以利用對比的方式，展現出正向的特質。

下一場舌尖熱舞正在潛伏

可用於形容食品或體驗。先選擇要描寫的正面情緒（如快樂），再使用名詞和動詞來比喻這個快樂的感受，以避免使用形容詞導致空泛，這樣在整個文案中和形象陰暗的「潛伏」對比時，就能減少負面感受。

藏匿企圖心，不藏匿質感

可用於形容職場配件。以「藏匿……不藏匿……」的對比句型，點出此處的藏匿並非

躲藏，而是既注重隱私也自信展露優勢特質的成功人士印象。

安逸：安樂、舒適自在或滿足的感受。

相關詞：安適、安閒、淸閒、痛快、閒逸、恬逸、悠閒、舒坦、安樂、安定、安靜、適意、安寧、舒暢、舒服、舒適、稱心、閒適、平穩、安然、安和、平和

放鬆：對事物的控制或注意力由緊變鬆。

相關詞：自在、平和、冷靜、安慰、自得、鎭定、安分、隨和、怡然、平靜、安靜、放心、安全、滿足、安詳、安撫、寧靜、溫暖

選用安逸和放鬆相關字詞的時候，要注意因爲它們都是形容詞，所以盡量利用比喩的方式轉化感受，或者避免直接使用太常見的詞語（如悠閒、舒服等），免得因爲沒有新意而被忽略。

在時速六十英里時，這輛勞斯萊斯汽車上的最大噪音來自它的電子鐘。（摘自勞斯萊斯經典汽車廣告文案）

透過具體的描寫場景（時速六十英里）和聲響的程度（來自電子鐘），具體讓消費者感受到這款汽車所定義的安靜。

享樂：享受肉體、理性、情緒或心理上的快樂

相關詞：玩樂、歡愉、娛樂、愉悅、當下、尊榮、獨享、盡情、奢華、貪戀、放縱、歡樂、狂歡、瀟灑、隨性、揮霍、隨心所欲、縱容、遊戲人間、玩世不恭、風流倜儻、嬉戲

趣味：能夠引起人的興趣，並且使人感到愉快。

相關詞：生趣、樂趣、有趣、情趣、生機、意趣、志趣、興致、風趣、興味、旨趣、雅趣、嗜好、妙趣橫生、酷好、熱愛、奇趣

選用享樂與趣味相關字詞的時候，要注意的是雖然和「快樂」相關的詞有很多，但是更建議把重心放在帶點輕蔑嘲弄與遊戲人間，無需爲了生活而努力的特質。因爲根據《心理科學》（Psychological Science）期刊上的研究，社經地位較高的人往往不會把注意力放在他人身上，無論對方的階級是否和他相同都是如此，所以像是「感動、充實、溫暖」這種與同理心相關的詞語，就不太適合用來表達享樂的主張。

不在乎天長地久，只在乎曾經擁有（摘自鐵達時錶文案）

整句廣告詞以「不在乎……只在乎……」的句型，進行「天長地久／曾經擁有」的時間對比，具體化品牌對於及時行樂這個概念的詮釋，就是要曾經擁有過某些體驗就足夠。

炫耀：從各方面特意強調自己（如金錢、權力、地位等），略帶誇大和看輕別人的意思。

相關詞：顯擺、高調、誇口、賣弄、誇耀、展示、展現、吹捧、奉承、自傲、吹噓、主張、強調、表演、孔雀、裝模作樣、天花亂墜、張揚

炫耀詞彙和隱蔽詞彙剛好相反，大多數的字詞都因爲過於高調、自大，有點不夠尊重別人，因而產生負面印象。這時候我們一樣可以使用對比句型，透過展現正向特質的方式，讓文案既搶眼又不失禮貌尊重。

從不向客戶吹噓，是我們最值得吹噓的事

使用「**從不向……最值得……**」的句型講述品牌想要傳達的正向價值觀，反而展現出肩負社會責任的決心，也隱約回應中古時代的貴族精神，展現出高貴氣質。

令人嚮往的文化

社會學家戴維．波普諾（David Popenoe）認爲，文化是人類群體或社會的共有成果，不僅包括價值觀、語言、知識，也包括物質對象。也就是說，人們因爲認同某些群體當中的特性因此產生嚮往。例如日本文化的禮儀、德國文化的嚴謹、美國文化的自由，都有可能令消費者想要融入其中，成爲具有類似特質的一份子。這些文化沒有高低之分，而是因爲不同消費者的成長經驗不同，所以導致每個人的偏好變得不同；若要考慮市場性，可以觀察大衆媒體傳播各種文化訊息的比例趨勢，更常被傳播的文化也就是時下的流行文化，更可能會讓更多人感到熟悉、產生喜愛。

在撰寫文案時，你可以觀察你的受衆崇尙的文化，找尋其中共通的價值觀來溝通；但因爲世界上的不同文化實在有太多種，沒辦法舉出少數能夠絕對代表品味與奢華的文化，因此我在下一章當中會使用榮格十二原型人格來探討人們基本的十二種價値觀，讓品牌能夠實踐物以類聚這句老話，打造出人們心目中想要達成的自我形象。

【技巧12】暗示為何商品能與提升社交價值連結

除了上面說到的描寫地點、場景、文化之外，在上個段落中說到使用物件來烘托的手法其實還是可以使用，只要把整個**使用場景描寫得足夠完整**，並讓產品成爲其中的一部分，它的質感也會自然而然被拉抬起來。

例如全聯經濟美學的廣告就是一個很經典的例子。全聯早期的品牌定位是省錢，在大眾心裡是偏向小老百姓的庶民品牌，但是當它透過當代流行的排版設計、字體選擇、色調風格和人物穿搭綜合起來呈現廣告時，就因爲整體質感的提升而讓全聯品牌在大眾心目中的定位向上調整了，這就是用環境襯托主角的例子。

但是反過來說，我也曾經看過一些品牌使用了很精緻的視覺素材，卻沒有與之相襯的文字質感。而且這些文案錯誤甚至非常基本，包含錯字、誤用標點符號、文字調性（tone and manner）和品牌定位不一致等等。這樣的問題較常在中小企業客戶的社群溝通管道如 facebook 上發生，讀者看到這裡可以回想一下，自己經手的品牌有沒有發生這樣的狀況。

品牌如果要執行這種做法，整體的廣告素材包括照片素材、美術設計、文字調性、社群口吻必然要通盤考量，或者若有預算的限制時，乾脆就用純文字來執行廣告素材，不要給予受眾多餘的資訊讓注意力分散，而要讓受眾能夠全心沈浸在廣告營造出來的故事情境裡。

這種用整體氛圍來拉抬其中某個元素的作法，和服裝搭配時使用低價單品與高價單品混搭的小心機很相似。普通的衣物和高價單品一起構成了同一個人的穿搭形象時，整體的質感會趨於一致，讓低價單品也會看起來像是高級品牌。也就是說，就算產品本身並不完全符合中上層階級的生活方式，只要行銷素材整體給人的感覺是高級的，消費者也會因此給產品更高的評價。

法則 10

品味文案能精確展現自我風格

品味的概念雖然來自中上階層，但是**並不是**只屬於某些族群的特權，品味是鑑賞事物的能力，也是每個人對自身形象的詮釋。俗話說物以類聚，有品味的文案除了提升品牌價值之外，還可以是「同族」辨認你的方式。

消費者購買的不僅是產品本身，購買行動也代表了他們與企業之間的連結。消費者決定向你買東西，不僅是因爲他們需要用到這項產品，還代表他們認同你的品味與他們類似、認爲彼此是同一群的人。所以撰寫品味文案的另一個重點，就是**使用吻合消費者個人特質的觀念與字詞來進行溝通**，這裡所指的品味和上一章強調追尋社經提升的目標很不一樣，重點放在和特定族群對焦，用一樣的認知事物方式來溝通。

消費者的十二個人格原型

人格原型的概念最早是心理學家榮格（Carl Gustav Jung）所提出，他認爲人類的潛意識中存在一些基本的角色形象，可以被定義爲代表人類慾望的十二個主要原型，每種類型中都各有自己的價值觀、需求和性格。十二種原型分別是：天眞者、探險家、智者、凡人、情人、丑角、英雄、顚覆者、魔法師。我們可以直接從名稱上就大概了解這些原型，例如擁有天眞者原型的人，生性會比較純眞、易於相信別人等。人們可能在工作、家庭等不同環境下展現不同的原型，但大多數的情況下則會由一個最關鍵的原型發揮決定性的作用。

後來瑪格麗特．馬克（Margaret Mark）與卡羅．S．皮爾森博士（Carol S. Pearson, Ph.D.）的《很久很久以前—以神話原型打造深植人心的品牌》書中，開始以十二原型理論討論原型形象與品牌之間的關係，他們將所有原型分爲「獨立／歸屬」和「征服／穩定」兩個軸線上的四大分類。另外，符敦國著作《角色行銷：透過十二個角色原型建立有型品牌》裡，也有使用原型來探討品牌形象的更進一步的延伸討論。

獨立動機：擁有獨立動機的三種人格原型，追求自我實現的幸福感。人格原型有天真者、探險家、智者三種。

歸屬動機：擁有歸屬動機人格原型的人，由他人的肯定中獲得滿足。人格原型有凡人、情人、丑角三種。

征服動機：擁有征服動機人格原型的人，希望留下自己存在的痕跡與證據。人格原型有英雄、顛覆者、魔法師三種。

穩定動機：擁有穩定動機人格原型的人，希望自己可以控制周遭的環境。人格原型有照顧者、創作者、統治者三種。

透過原型建構品牌形象，可以吸引欣賞這種個性的消費者。他們可能同樣也是這樣的人，或者自己雖非這樣類型，但欣賞這種特質的人；不過，就像表裡不一的人難以獲得信任一樣，品牌也需要貫徹自己的形象，才不會讓消費者產生混淆。

這兩本書中提到的確立品牌人格原型，是建構整體行銷策略基底第一步，而在實際執行廣告素材的製作時，我們可以從文案角度進一步依照原型來找出適合的寫作方法。思考要溝通的內容可以涵蓋哪些主題、選擇可以和這些人共鳴的詞語，同時以這些人格原型習慣的溝通模式，來選擇寫作技巧。

寫出獨立動機消費者追尋的個人魅力

天真者

天眞者們渴望純潔、善良與樸實，喜歡美好、自然且簡單可預期的事物，他們不在乎名利地位或者世界的眞理，認爲只要活得正直快樂最重要。例如知名的國際品牌Hello kitty、麥當勞，或者臺灣消費者熟悉的內容IP白白日記（北極熊形象）、小海豹都屬於這個類型。

目標是展現品牌天眞者原型的時候，可以觀察動物和小孩會有的特質和行爲，或者回想大自然中令你感覺溫柔可愛的事物，來尋找詞彙靈感。你也可以模仿童書當中的句子結構，這樣會更接近天眞者的口吻。

物件：
淺藍、粉色、米白、雛菊、雲朵、草地、綿羊、無尾熊、棉被、玩具、皮球、白日夢、小時候、下課時……

動作：
輕拂、灑落、照耀、翻滾、打瞌睡、眨眼、仰望、賴床、搖搖晃晃、飛舞、漂浮、綻放……

可以用於內容產出的策略：
- 用簡單的話語分享正面的價值觀（例如朵朵小語）。
- 真實且不加修飾的使用者見證。
- 企業日常趣味小事的分享。
- （使用自然原料的）產品生產過程。

用天真者原型撰寫旅宿文案案例分享

幼稚鬼會被打手心嗎？今天一定不會！想要爬上爬下、想要角色扮演、想要抱著枕頭賴床、想要自拍直到天荒地老，想做什麼在童心島自己決定！不管幾歲，都想和最喜歡的你，共享這間魔法學校！

探險家

探險家們渴望的是自由自在地探索新事物，忠於自己的靈魂。對探險家來說，陳舊、已知或者容易達成的事物都不具吸引力，他們想要拓展自己對外界世界的認知，也想要拓展自己對自我內心的極限。探險家原型的知名品牌案例有 Discovery、Jonnie Walker 等。

當我們想要展現探險家原型時，不妨翻翻有關登山、航海、極地冒險的紀錄報導或書籍自傳，尋找裡面出現的字句，讓這些真正是探險家的人來告訴你的品牌，在旅途中有哪些事物曾經感動他們。

物件：

深綠、土黃、清晨、岩石、稜線、冰川、極光、護具、背包、釘鞋、童軍繩、指南針、營火、瑞士刀、上臂、起點……

動作：

攀爬、蜷縮、塗抹、緊握、踩踏、凝視、收拾、遠征、跋涉、掉落、下潛、呼叫……

可以用於內容產出的策略：

- 嘗試業內少用，但異業常見的行銷活動，來產生新奇感。
- 分享品牌曾經遭遇到的困難，與克服的方式。
- 分享產品在特殊或極端條件下的使用場景。

用探險者原型撰寫玩具文案案例分享

從搶眼的包裝過渡到簡潔的骨架模型，就像是從熱切歡呼的群眾包圍中，緩緩上升到萬里無雲高空的過程。飛行是萬眾矚目的啟程，更是在無人之境與自我的對話。

智者

智者內心的渴望則是透過各種途徑來尋求知識、發現眞理，並且將這些知識融合成自己的智慧，藉以了解世界。貼近智者原型的品牌，有 TED Talk、羅輯思維、誠品等，強調知識的傳遞和博學的形象；但要注意的是並非販賣知識產品的品牌就是智者形象，例如臺灣的線上課程平臺 hahow 就更貼近凡人型的品牌。

如果想要展現智者原型時，精確的主題定義和邏輯是必要的。雖然智者可以講述的主題有很多，但共通點會是他們都圍繞著學習與研究的系統化作法與流程，並且輔以前因後果來進行，所以我們可以使用稍多的專有名詞，從研究文獻或者論文裡找靈感，而在物件與動作的發想時，你可以想想教授與學者們平常的出沒地點和日常行爲。

物件：

大腦、神經、沙龍、學說、理論、主義、博物館、研究室、殿堂、教授、長袍、單片鏡、領域、模型、原木、地球儀、望遠鏡……

動作：

探究、講授、翻閱、提問、信步、來回踱步、端詳、掃視、尋思、聯想、思考……

可以用於內容產出的策略：

- 使用沈穩不激動的口氣。
- 行銷內容附上證據和資料來源。
- 向受眾分享產品的技術知識或者選購指南。
- 可以分享同業的洞見，再加入自己的看法。

寫出歸屬動機消費者理想中的居處

凡人

凡人原型的人內心的渴望是建立關係，他們以腳踏實地、勤勤懇懇的作爲，還有平易近人的態度來融入群體，他們會這樣做的原因，是因爲凡人害怕與衆不同導致自己不被接受。凡人原型的品牌有全聯、全國電子、全家便利商店等（很有趣！品牌名稱中剛好都有個代表廣大受

眾的「全」字）

凡人原型在描述物品時不要用正式的名稱來稱呼，例如寫黑狗會比臺灣土狗好，或者以口語化的「膨拱」來描述因材料膨脹而產生的中空現象。尋找物件和動作相關的詞彙時，則可以想一想你平常在自己或朋友家裏經常看見的東西，另外**幫產品取綽號**也可以讓它更爲平易近人。例如近年出現的雅詩蘭黛「小棕瓶」和蘭蔻「小黑瓶」暱稱，人們幫專櫃保養品取綽號除了方便好記之外，也讓它多了不再那麼高不可攀的親和力。

物件：

冰箱、洗衣機、拖鞋、橘貓、隔壁鄰居、辦桌、寶特瓶、便當、冷笑話、習慣、漫畫、公車、豆花、補習班……

動作：

打掃、休息、招呼、笑咪咪、煩惱、請客、拍肩、閒聊、散步、拔腿就跑、瞧一眼、舉手……

可以用於內容產出的策略：

- 使用口語、流行語、方言、語助詞。

- 可以使用一來一往對話式的文案。
- 強調這個解決方案能被大眾接受（爲什麼接受／多少人接受／反駁各種不被接受的可能性）。

用凡人原型撰寫建案社群文案案例分享

早起的鳥兒有蟲吃，早買的人兒賺好康！
有「薪」成家，我挺你！

情人

擁有情人原型的消費者渴望獲得親密感與感官體驗，無論是人物或品牌，在他人眼中都會看起來浪漫多情。常見的情人原型品牌包括金莎巧克力、Victoria's Secret、FHM 雜誌等，這些品牌的商品經常用來解決提升魅力的需求，近年臺灣較有代表性的人物則是跨足情趣用品販售的雞排妹鄭家純。

除了愛與承諾之外，情人原型追求的感官體驗經常與性有關，而非探險家原型重視的耳目一新的感覺。要尋找相關素材的話，官能小說裡面會有許多值得擷取的場景和形象以及詞彙靈感。撰寫情人原型文案要面對的課題是如何才能魅惑而不低俗？雖然剛剛說到從情色作品中找靈感，但是我們可以透過降低性暗示意味的字詞比例，點到爲止的勾起消費者的渴望就好。

物件：

酒紅、深紫、純白、水晶、吊襪帶、高跟鞋、瞳孔、指尖、嘴唇、蕾絲、午夜、義大利、羽毛……

動作：

流淌、滴落、撫摸、舔拭、窺探、擁吻、遐想、浮想聯翩、吹氣、拋媚眼、單膝下跪……

可以用於內容產出的策略：

• 產品價值會在哪些情感場景中發揮？

‧直接描述令人嚮往的浪漫場景。

‧使用感官動作搭配理性功能利益，能降低情色感。

用情人原型撰寫保養品文案案例分享

觸摸的當下，你的感覺來自指尖或物件？

晨起，我習慣以直覺來決定今天是溫馴或冷淡。先感知光影溫涼，再迴問內在的自己：「今天的我如何示人？」

所以我擦上護手霜。

我不願意，對自己肌膚的感受竟出了錯。

丑角

丑角原型透過幽默玩鬧來讓周遭的人感染快樂，並且享受活在當下的氛圍。他們希望每分每秒都是好玩快樂的，因此最害怕的就是無趣和單調的生活。使用丑角原型的品牌有 durex、M&M 巧克力等，以知名的內容創作者來舉例，可以參考臺灣的二師兄、日本的 ARuFa 等。

丑角原型的內容型態，給予讀者的主要價值就是幽默、趣味、好笑。能讓人感到有趣的方式有非常多，依據文化的不同，形式從搞笑、諷刺挖苦、自嘲、吐槽、裝傻、捧哏、抖包袱有非常多種，但是共通點則是會讓人覺得歡樂。以近幾年臺灣社群的風氣來說，先鋪陳事件發生的背景，再用一句話（Punchline）出奇不意製造反差，進而達到效果的方式最爲常見且具有傳播力。

用關鍵句製造反差的文案例子

「這瓶好聞的東西是什麼？」

「Santal。」

「聞起來像是離婚的味道。」
（摘譯自獨立香水品牌 Le Labor 廣告文案）

想要塑造丑角原型時，比較難找到可以直接放入文案素材庫的字詞，原因是因爲幾乎沒有字詞是單獨存在就會令人感到幽默的，且就算是寫出滑稽引人發笑的動作詞彙，也不如直接以視覺展現來得吸引人，所以想要經營丑角原型時，重點建議放在如何找出扣連主題的反差論述。

物件：
紅屁股、大門牙、彩球、鈔票槍、爆炸頭、鬼臉……

動作：
一擺一擺、滑溜、腫、揍飛、放屁、流口水、挖鼻、傻眼、噴飯……

可以用於內容產出的策略：

- 採用簡短的斷句，不多解釋搞笑的原因。
- 可以展現較高的情緒強度，創造誇張感。
- 較常用在社群文案中，因為有趣的特性有機會能接觸到更多潛在消費者。
- 文案不需非得扣連產品，避免減損丑角討喜的個人特質。

用丑角原型撰寫民生消費品文案案例分享

「萬丈高樓，買不起。」

（摘自味丹微醺水真理語錄瓶）

寫出征服動機消費者想要留下的印記

英雄

對於英雄人格原型的人來說，以無比的勇氣和毅力來克服自己遇到的種種挑戰，就是證明自己價值的方式。天下無難事只怕有心人這句話，就是他們的座右銘。最常見的英雄原型品牌就是訴求超越極限克服挑戰的 NIKE，強調「使命必達」的 FedEx 也是其中一個例子。

英雄原型的另一個翻譯名稱是鬥士，你可以從這個譯名中更體會到這種人格特質重視的毅力、使命感、熱血、不服輸。要尋找撰寫英雄原型文案的素材，可以從少年漫畫當中主角的一言一行去尋找，也可以參考神話及歷史故事中的大將軍、戰神的出場情境，還可以從英雄電影如復仇者聯盟系列中取材。訂定文案策略時要注意的地方在於，消費者認同的英雄原型，到底是自己擁有類似特質的投射，還是希望對方能夠保護自己的安心與依賴？這兩者的觀看角度不同，因此寫文案時也不建議混用，才能確保品牌風格的一致性。

物件：

盔甲、坦克、鮮血、肌肉、寶劍、階梯、城牆、意志、史詩、軍裝、武器、裝備、盟軍……

動作：

跨越、凱旋、突破、仰頭大笑、自律、戰勝、咬牙、打鬥、向前、擇善固執、拯救、達成、站穩腳步、操練……

可以用於內容產出的策略：

- 品牌克服困難的激勵故事。
- 品牌克服困難的動機爲何？
- 品牌崇拜的英雄人物與企業文化的關聯。
- 品牌可以爲使用者和世界做到什麼？

用英雄原型撰寫文案案例分享

發聲不會讓生活更好過，但只做簡單的事永遠無法帶來改變

Speaking up doesn’t always make life easier. But easy never changed anything.

（摘譯自 NIKE 2018 年社群文案）

顛覆者

顛覆者又有人譯作革命者或亡命之徒，這群人有鮮明的反對標的，不願意受限於傳統的框架或角色，以顛覆與反動行爲來推翻沒有用的事物。顛覆者原型的知名品牌代表，就是叛逆帥氣的哈雷機車，許多早期的搖滾樂團例如〈槍與玫瑰〉也屬於這個形象。臺灣近年的例子，則可以參考《島嶼天光》這首歌當中的氛圍。

顛覆者的核心價值就是改革、挑戰與反權威。若要尋找參考素材的話，每逢選舉時各國在野黨的文宣、經典的革命題材作品如《悲慘世界》、《鋼鐵是怎樣煉成的》、《動物農莊》等，都生動的描寫革命者的心理活動與實際行爲，可以從裡面發掘靈感。

物件：

旗幟、皮衣、墨鏡、雪茄、頭巾、旭日、暴風雨、繩索、團長、理想、搖滾、龐克、使命、實驗、賭注……

動作：

挺身向前、反抗、吶喊、破壞、變革、迎頭痛擊、肩負、鼓吹、高舉、壓迫、束縛、翻轉、一呼百諾……

可以用於內容產出的策略：

- 品牌想要改變什麼事？
- 改變這些事可以帶來什麼新價值？
- 用案例來具體證明品牌的行動力。

用顛覆者原型撰寫文案案例分享

One City,One Family，讓愛和擁抱推倒高牆，讓臺北成為臺灣希望的開始、和解的起點。

（摘自 2014 年柯文哲競選演說）

魔法師

魔法師原型的人渴望發現宇宙萬物的眞理，他們總是在向觀衆描繪遠景，同時也希望能用獨特的手法影響他人、達成世界上所有的夢想，在他人眼中看來，魔法師以深邃神秘的手法實現不可思議的願望。例如創造魔幻想像、實現夢想的迪士尼，就是魔法師原型的品牌代表，而臺灣品牌像是清潔品牌魔術靈，更是把性格直接放進品牌名稱中。

魔法師關注獨樹一格的思想，因此在外人眼中會有神秘、神奇的印象，魔法師原型經常創造出讓天眞者嚮往的世界。需要魔法師相關文案素材的時候，各種西方奇幻和東方修仙小說就是你最好的夥伴，例如《哈利波特》、《魔戒》、《地海巫師》等，都可以找到很多適合塑造神奇印象的魔法元素。

物件：

雪白、深藍、金色、黃銅、斗篷、魔杖、水晶球、咒語、煉金術、煙霧、火花、幻象、奇遇、心靈、元素、儀式、紋章……

動作：

揮舞、流動、翻湧、飄蕩、眨眼、彈指、異變、啟蒙、操控、召喚、吟唱、復活……

可以用於內容產出的策略：

- 品牌相信哪些大部分人都不相信的美好價值？
- 誇張的描寫產品可以達到甚麼益處（像被施了魔法一樣）。
- 不需要特別解釋製程，而是關注為什麼想達到這個目標。

用魔法師原型撰寫文案案例分享

把童話從書本裡解救出來
我的每一天都要是閃閃發光的白日夢
王國很近，想像很遠
我是淘氣的奇妙仙子，凌空投射好動的粉塵
竄入森林，把七彩的花瓣逗笑
只有精靈魔藥，能讓指尖替換十種翅膀

彈指穿越下一場冒險
UNT 魔幻水指彩
在精巧的夢裡染滿一撕即卸的顏色
擁有夢想的魔杖，隨時奇幻變身

寫出穩定動機消費者渴望控制與打造的環境

照顧者

照顧者原型的人渴望保護他人，擁有慷慨、熱情的個性，並且為了周遭的環境盡心盡力。他們熱衷於幫助別人，害怕自己給人不知感恩或者自私的印象。照顧者原型的知名品牌包括幫寶適、GE 通用電氣，還有臺灣的慈濟等。大多會出現在母嬰品牌、保健品或者非營利組織等，展現品牌的奉獻精神與改善環境的渴望。

顧名思義，照顧者的生活重心就在照顧別人，因此除了給予的動機之外，還會擁有出溫暖、善良、可靠的個性，才能在讓對方沒有壓力的情況下滿足被照顧者的需求。母親是照顧者最經典的人物設定，也是各種文學作品中最經典的題材，因此你可以從描寫父母親情或家族的散文中，找到很多適合的描寫方法。例如可以參考琦君、廖玉蕙、蕭麗紅的作品，從描寫親情與女性形象的段落中找靈感。除此之外，師長、兄姐、醫護等角色，也是常展現照顧者形象的角色。

物件：

潔白、月娘、雙手、肩膀、老繭、便當盒、棉襖、毛呢、燉菜、煎魚、小點心、OK繃、故鄉、手足、社區、水牛、桂花、營養……

動作：

保護、縫補、擁抱、嘮叨、披上、叮嚀、手牽手、照料、護理、教誨、依附、孺慕、景仰、關愛、撫養、洗手……

可以用於內容產出的策略：

・可以使用為你、給你、幫你來當作行動呼籲的開頭。

• 品牌想要照顧哪些人，具體描寫受益對象的樣貌（例如個案分享）。
• 品牌為了照顧別人，做過哪些具體行為和投入？

用照顧者原型撰寫文案案例分享

「病間同行，抗癌加分。」
（摘自《癌症希望基金會病房改造計畫》）

創作者

創作者人格原型的人，渴望的行動是實踐藝術技巧。創造力與想像力作品傳達的永久價值，是他們熱愛的事物，在展示空間中邀請消費者親自動手佈置居家的 IKEA，就屬於知名的創作者原型品牌。臺灣知名的創作者品牌和人物還包括 pinkoi、江振誠等，我自己的品牌也是使用創作者當作主要人格原型，以傳達對於原創和技巧的重視。

創作者注重新穎、天賦和投入程度，他們控制世界的方式是把理想的情境或物件從無到有動手做出來，這個物件可能是虛構的（例如故事）或者眞實的（例如做模型）。創作者和魔法師的差異在於創造時有沒有邏輯性，因此若要蒐集可以讓創作者產生共鳴的詞彙，你可以閱讀職人工匠、藝術家、建築師或者時尚設計師的傳記尋找靈感，例如原研哉《設計中的設計》、《川久保玲：邊界之間的藝術》、《FW: 永眞急制》等，從中尋找創造者使用的物件、工作時的舉動，來更加貼近他們的異想世界。

物件：
鋼鐵、圓規、簿記紙、心思、鍵盤、符碼、天賦、靈光、貝雷帽、黑框眼鏡、斧鑿、工具、米蘭、儀式、流派……

動作：
描繪、刻畫、舉辦、測量、熬夜、沈思、佈置、規劃、著手、解構、裁縫、剪貼、砥礪、鑄造、反射……

可以用於內容產出的策略：

- 消費者可以如何參與品牌的創作過程（例如動手做什麼、朝哪個方向腦力激盪）？
- 介紹品牌的創作核心，可以是設計總監、也可以是啟發你的某些內容。
- 秀出品牌是如何一步一步的從無到有做出產品。

用創作者原型撰寫文案案例分享

如果戀愛是歌、雄辯是典、欠債是噴漆，
誰想讀，我們就為他而寫。
謝謝大家願意一直在這裡，
儘管說而不明，
因為真正重要的，都在日復一日的對準和流轉中。
摘自我是文案 2019 跨年社群貼文

統治者

統治者人格原型對於掌握某件事物的定義，更偏重於擁有權力。因此他們會希望能發揮領導力來控制大局，進而創造穩定與繁榮。因此，說到統治者原型時人們多半會想到霸氣的領導人物、高高在上的主人翁等。統治者原型的品牌包括賓士、IBM、勞力士等，說到國內以統治者原型形象出現的企業，你可能會想到鴻海，但它是因爲領導者的個人特質突出而令消費者產生聯想，並非針對大眾市場特別塑造而成。

統治者的個性具有魄力，一切關於秩序與階級的東西都能爲他們帶來優越感。統治者人格原型跟我們上一章談到的身份地位有點類似，但要注意的是，並非所有上流階層都是統治者，他們的原型有可能是情人（崇尚感官享樂的派對動物）、丑角（玩世不恭不需爲生活煩惱）或者天眞者（不知人間疾苦的瑪麗皇后）等等。要尋找烘托統治者原型的素材，那一定要從統治者本人身上下手，例如描寫皇帝的《史記：本紀》、希特勒《我的奮鬥》、張忠謀自傳、嚴長壽《總裁獅子心》等作品中，就能找到統治者在乎的事物與行事準則。

物件：

深黑、深灰、皮革、印章、寶座、烈酒、紅木、大理石、領帶夾、權杖、皇冠、雄鷹、落地窗、頂樓……

動作：

巡視、怒目、直視、不發一語、抱胸、居高臨下、征服、登高一呼、會面、決策、簇擁、率領……

可以用於內容產出的策略：

- 語氣沈穩、簡潔，不使用語助詞。
- 展現產品或服務能帶給消費者的被尊重感。
- 描寫品牌對於上層生活的充分認識。
- 告訴消費者你的品牌爲何權威？

用統治者原型撰寫文案案例分享

勞力士從來沒有改變世界，而是把這個目標留給戴它的人。

A Rolex Will Never Change The World.We Leave That To The People Who Wear Them.

（摘自勞力士手錶廣告）

PART 3

簡單入門並消除阻礙

法則 11

拿捏文字與讀者的距離，寫出飽含資訊又好讀的文案

在撰寫文案時，如何判斷要選用哪些字詞、使用多少修辭手法？資訊量恰到好處的文案，可以讓閱讀時更爲舒服，讓讀者願意一直看下去。

我們在日常生活或者廣告文案中並不需要每一次都使用艱深少見的文字，而只需要使用可以展現吸引力的文字就好。但我們爲何需要寫出創新的文字？目的是避免消費者直接忽略我們想要傳遞的廣告內容。

人的注意力是有選擇性的

伊利諾大學的心理學家西蒙斯（Daniel Simons）與哈佛大學查布利斯（Christopher Chabris）做過一個經典的實驗：「看不見的大猩猩」（Invisible Gorilla）：他們讓參與研究的人觀看一段女孩們傳球的影片，並要觀看者計算穿白色上衣的女生總共傳了幾次球，當參與者專心計算傳球次數時，甚至會忽略影片裡跑到螢幕正中央大力搥胸的黑猩猩。

而在製作行銷素材時，我們要面對的則是廣告視盲（Banner blindness）的現象，人們會自動忽略介面裡出現的廣告資訊，就算看到了也會視而不見。美國使用者體驗研究公司尼爾森諾曼集團甚至進一步根據 Google 搜尋結果頁面的注視點研究指出，就算贊助內容的版面呈現長得跟真正的搜尋結果資訊一模一樣，人們也根本不看那些內容，因爲我們的大腦已經習慣了這些刺激，所以會對可能是廣告的內容視而不見。

爲了避免消費者忽略我們想要傳達的資訊，我們就必須寫出形式、措辭與內容看起來不像廣告的文案。

【技巧13】善用「陌生化」技巧，讓文案不被忽略

什克洛夫斯基（Viktor Shklovski）提出的陌生化理論（Defamiliarization）是許多藝術表現和詩歌創作的中心概念，指的是採用不常見的方式向觀衆呈現普通事物的技術，讓他們能以不同的角度看待事物，從而獲得不平凡的感受。他說：「藝術的技巧就是使對象陌生，使形式變得困難，增加感覺的難度和時間長度，因爲感覺過程本身就是審美目的，必須設法延長。」

「比喻法」是廣告寫作時最常見的陌生化方式之一。英國作家王爾德（Oscar Wilde）說：「第一個用花來形容女人的是天才，第二個用花來形容女人的是庸才」，在寫作時使用未曾被提出且又切合主題的比喻，就是有效的陌生化手法之一。好的比喻使用的字詞一定是具有新意又讓受衆可以理解的，這樣才可以讓受衆從被提到的兩者之間快速感受到共同點，並產生共鳴。例如「靜得像石頭／靜得像修女的臉」後者就是更具有陌生化特性的比喻。

「諧音法」也是廣告寫作中常見的陌生化方式，它利用人們對原本詞句意義的熟悉，透過改換同音異義字來產生閱讀時的陌生感覺。這裡恰好可以回答一個問題：爲什麼有些諧音文案感覺沒有品味又無趣？原因就來自於**陌生化的不足和誤用**。例如，在觀光旅遊業界常見的泰國

旅遊文案「泰好玩」，就因爲出現的次數太過頻繁，導致消費者已經不對它感到陌生，所以會認爲缺乏品味與美感，如果是由我來撰寫，會修改爲較爲不常見且涵蓋更多產品資訊的「泰野生」或者「泰青春」等方向；另外，追求諧音卻忽視原意的型態也很常見。例如餐飲業可能出現的「出爾飯爾」，出爾反爾的原意是自相矛盾、行爲反覆不定，不僅跟產品特色無關，甚至還是負面的意義，完全沒有爲品牌加分，就是陌生化誤用的例子。

陌生化理論回答了「品牌沒有策略創新怎麼辦？」這個問題，如果想要吸引消費者的注意，問題並不在於必須尋找沒有人遇到過的人事物，也不在於到底有多少人描寫過同一個主題，而在於同一個主題還有哪些新的觀看視角。

文案的密度如何判斷

一邊寫文案一邊判斷文案的密度，可以鍛鍊陌生化技巧並培養語感。寫文案時使用陌生化技巧進行，可以讓讀者覺得耳目一新；但如果陌生化技巧使用過量，則會減損文案想要達到的溝通目標，我把這中間的平衡稱之爲「密度」，簡單來說，就是評估文案篇幅當中有多少比例是需要讓受衆進行思考的、多少比例是可以一看就理解的。

文案的密度要如何判斷？可以先從文學寫作說起。文學創作的目的除了溝通之外，另外一個功能就是構建文學的藝術價值，因此，會使用大量的修辭。除了最基本的排比、誇飾、對偶等等，還注重虛實之間的轉品、主詞的抽換、新穎或者跨領域的意象等等。

而在所有的文學創作中，現代詩素有菁英文學之名，它位於文學金字塔的頂端，不管是創作或鑒賞的困難度，都居於各類文體之首。新詩創作時除了使用以上修辭方式之外，還常會在錯綜複雜的意象轉化之間加入隱喻的手法、典故、句型錯置等，來傳達更精確的情感體驗。如果我們把一般人不加思索的臉書發文這些文字內容的修辭密度當作是一，使用少於一至二個修辭，簡單講述一件事；那麼新詩的修辭密度，依作者個人風格的不同大概會是八到十左右，透過多次的轉用和隱喻進行書寫。也就是說，各種文類依照文字技巧運用的多寡，閱讀起來的感受也會不同。

那麼，應用在廣告文案或者是其他寫作文體的修辭密度，大概落在多少才適合呢？我自己的觀察是這樣的：

密度1至3

針對大眾市場所進行的口語化的社群文案、銷售文案內文，不含主副標題。或者用於企業之間溝通的商業書信、產品的規格書或說明書等。一個大約一百字的的段落當中大約會用到一至三次的常見修辭，如疊字、摹寫、譬喻、擬人、排比、引用等。

> 現在全球遠距的工作職位越來越多，在缺乏面對面的溝通下，撰寫報告的能力就成為不可或缺的溝通管道。所以大膽地說，未來五年最重要的職業技能之一就是要會「寫」，一點也不誇張！
>
> (摘自我是文案社群貼文)

例子裡平鋪直述的通順文章，未必能吸引到陌生大眾的關注，也不具備讓對方覺得這些資訊感動人心的功能，但是能夠清楚的把資訊傳達給對該主題本來就有興趣、有意閱讀的人，如果只是想要傳達訊息，清楚明白其實就很夠用了。另外，如果使用的是口語化、親和的寫作方式，則很適合與上一章說到的「凡人」人格原型消費者溝通。

密度3至5

依照每個文案寫作者的風格各有不同，這個修辭密度也是廣告文案最常見也十分適當的比例。我取比較常見到的平均值來當做例子。密度由低到高大概是：

- 大衆小說、散文
- 文創品牌的社群內容與銷售文案
- 中小企業的品牌故事
- 廣告影片腳本文字
- 奢侈品牌的社群內容
- 季節性 banner 標語

因為追求充滿力量而發光的自己，所以運動是生活的必然。
來到這裡，你可以和水的溫度對話、讓討厭的事情舉重若輕、張開雙手把心胸拉到最寬。或者找朋友們決定，今天想把哪種煩惱，遠遠打飛？

（摘自捷運北投會館 DM 文字）

使用具有新意卻又不過分高深的修辭，可以讓較多的讀者感受到閱讀的趣味性，相較第一種寫法，較能夠有效的幫助廣告擴散，或者讓消費者對要溝通的標的物留下印象。舉例來說，上面的文案中雖然使用了很多次不同修辭，但是它所描寫的物件和比喻方式，都是一般人在生活中容易遇到的實際情況，因此閱讀的時候能夠更直覺，不需要額外思考就可吸收。

密度5至8

品牌 slogan 標語、品牌形象類文案、奢侈品牌的大部份廣告文案、得獎的文案或文學創作作品等。

什麼功課都沒做你好意思說你寫文案。

做什麼功課都沒用，你好意思說你寫文案。

（摘自我是文案社群貼文）

若已經知道該管道閱讀受眾的偏好，例如專業領域成員、創作同好等（這類創作型的受眾意外的多，舉凡喜歡歷史、彩繪手作、動漫二次元都有可能），或者想要營造「學者」、「魔術師」原型的品牌形象時，可以使用修辭密度偏高的文案，讓風格更突出與強烈。

密度8至10

就是剛剛說的現代詩了，不過隨著近年來大眾閱讀新詩的比率，因爲線上選讀媒體的崛起而有所提高，某些詩人的創作風格除了追求形式之外，更追求貼近情感的表達，因此有時也會有下降到6的情況。

密度極高的文字作品更趨近於追求技巧的磨練，屬於玩家級的火力展示場合，與上面的情況類似，當你知道你的受眾與「創作者」人格原型重疊度高時比較推薦使用，或者只需偶爾使用即可。

根據市場定位不同，選用不同密度的文案

以上提到的文字運用密度，並不代表這些文體的好壞。在文學或傳統寫作教育中，修辭運用的熟練程度代表你的寫作能力，但是評判文案好壞的方式並不完全來自寫作技巧。修辭多不代表文章好，少也不一定壞，在廣告文案的世界，**有效的溝通才是評價內容的標準**。也就是說，在不同產業和形式的文案中決定使用修辭多寡的原因，會和上面提到的陌生化有關係，品牌要考慮的是受眾對於文案的接受度，找出創新與親和的平衡點。

雖然廣告訊息必須透過創新審美來吸引他人的注意力，但是否有效傳達資訊才是廣告溝通的核心，因此在撰寫與發想創意時，還是要依循受眾的理解程度而定。所以我們可以發現，溝通管道並不是決定文字密度的首要條件：社群短文也可以寫得很精密凝練、書籍也可以寫得很白話。在市場定位不同時，企業更常規劃使用不同修辭密度的廣告文案。

不過，我們還是需要認知到的是，修辭密度越高的時候，撰寫的難度就越高，這時當然會需要更多的練習，才能產出兼具創新美感並符合溝通目標的文案內容。

法則 12

讓名言佳句活起來

撰寫文案時，在內容中引用名言佳句是種可以快速提升文案整體質感的方式。名言佳句因爲多半來自經典的文史哲書籍，因此會具有措辭文雅、比喻切題以及價値觀正向的好處，而且因爲這些內容流傳廣泛，也能帶給讀者熟悉感；再加上這些名言佳句往往來自於名流學者的思想，所以還會因爲權威背書而帶給人信任感，對於撰寫品味文案來說，是很好的參考資料。

但是這些存在已久的語句，終歸不是我們在日常生活中會用到的口語對話，使用不當難免會讓廣告與消費者之間產生距離感。要如何使用名言佳句，讓它們自然的融入文案的情境中，有幾種容易上手的入門方式。

【技巧14】直接尋找與產品相對應的內容

想要使用名言佳句來溝通產品時，直接找找看有沒有和產品功能利益相對應的句子是最快的，就如下面我想描述的園藝產品，功能是讓消費者更容易在家中種植植物，節省照料的心力。撰寫時我就直接搜尋了與植物相關的名言，來當作是產品描述的開場白。

以園藝產品當例子

華盛頓說：「真正的友誼，是一株成長緩慢的植物。」同樣的，一株因為自己的手而慢慢成長起來的植物，可以說是種植者感受和情懷的具體呈現。

但是使用這樣的做法時，要注意的是挑選名言佳句的方式。必須確認這些字句的內容是否確實能夠用來溝通產品，我們可以檢核以下三個要點：

◀ 有沒有語意不清與邏輯不通？

◀ 與產品利益如何產生關聯？

◀ 語氣或價值觀有沒有和時代脫節？

以下我同樣拿植物相關的名言佳句來舉例，解釋爲什麼隨便拿一句不夠恰當的名言用在產品文案上會無法吸引消費者。

人類是一種使思想開花結果的植物

這句話的主角是思想，而把人類本身比喻成輔助其成長的植物，重點不在於照料植物、反而強調植物用來開花結果的功能，沒有描述產品可以讓照顧植物變得更方便的優勢，重點錯誤。

天然的才能好像天然的植物，需要學問來修剪

這款園藝產品的著重點是容易種植，而非看重植物的形體，句子強調修剪與欲推廣產品的利益特色無關。如果是與插花或者盆栽相關的產品，就適合使用。

他種下一棵樹，他就已經看見了千百年的結果，已經憧憬到人類的幸福

缺少前後文導致語意不清，因此不建議獨立使用。

【技巧15】用自己的話重新翻譯

如果找不到適當的語句，無法直接引用原始內容的話，也可以試著查看它的原意，並用自己的話重新講一遍，讓它變成更貼近現代人用法的句子。只要不是同樣語言且太過相近年代的內容（例如把徐志摩的詩再重新詮釋寫一次），我們都可以這樣試著讓它保有典雅的原始意義，但又不會讓人看不懂。

以下這段文字就是我將《論語》裡面「冠者五六人，童子六七人，浴乎沂，風乎舞雩，詠而歸。」的意象翻成白話文之後，使用在溫泉旅館文案的例子：

以溫泉旅館當例子

室內湯屋四人房型，大人小孩去河邊游泳、在露臺上吹風，一路唱著歌走回來泡暖暖。

這句話的原始由來，是孔子詢問學生們的志向時其中一位門人曾點的回答。他說自己希望可以和五六位成年人、六七個少年在沂水岸邊洗滌沐浴，在祭天求雨的地方吹吹風，一路唱著歌走回家。孔子聽完之後讚嘆說：「吾與點也！」他很贊成曾點的說法。

這樣的意象雖然符合了我們在上個段落當中說的語意完整、符合產品利益，但考慮到易讀性時，用字遣詞卻顯得相對艱深不適用，這時就要考慮品牌風格、產品的市場定位以及受衆的偏好之後再決定是不是要直接引用。例如文言文的形式因爲古代華夏文化的特色鮮明，如果要銷售的產品當中還包含歐洲、日式、現代、科學、機械等常見元素，就很容易產生意象的矛盾導致閱讀不順暢，因此在大部分的商業產品中不太適合直接拿來使用。這時我們就可以使用重新說一次的方式保留意象，不僅讓更多人容易理解，還能留下伏筆線索，讓讀懂你巧思的受衆會心一笑。

你可以試著從以下這些資料來源中，尋找重新翻譯的題材：

- ◀ 英文或各國外語的著作
- ◀ 古詩詞與文言文
- ◀ 漫畫小說裡的對白
- ◀ 歌詞

【技巧16】故意曲解原始的內容

如果你選擇的名言佳句只有部分符合產品訴求時，還可以故意曲解它原本的意思，照自己想要的詮釋方向去擴大發揮。例如我爲某個市集主辦單位所撰寫的文案，就改動了海明威「巴黎是流動的饗宴」這個經典的意象，寫成以下這樣子：

海明威「巴黎是流動的饗宴」的改動

海明威說，饗宴是流動的。在市集與活動中打造一個人潮自然聚集的休息區，可以有很多好處：增加遊客體驗、進行商業宣傳、補足空間氛圍……。我們提供休息區設備與飾品的租賃服務，200多場實體市集後，我們可以與你分享空間構造的方法論。

我想要擷取的是「流動的饗宴」這個意象，來與熱鬧的市集攤車呼應，又想捨去與產品無關的「巴黎」，所以就乾脆把流動的饗宴進行倒裝，也不再用它來比喻某個城市，而讓它自己獨立出來成爲新的說法：饗宴是流動的。這個說法與原來的用意雖然不同，但是保留了具有辨識度的字詞還有，憑藉名言金句建立鮮活的市集景象認知之後，再去描述主辦單位給予的服務，就顯得更合理，甚至還會產生權威認證的感覺。

【技巧17】替換字詞或整個句子

除了經典當中的句子外，俗語、歇後語甚至流行的時事名言等，也是好記、好念，讓人們可以琅琅上口的文句。但所謂的俗語終歸有個「俗」字，也就是可能因爲會太過大衆化而導致讀起來不夠有創意，也可能因爲來自某些不同文化族群的生活方式，而與我們想要藉由文案來提升產品質感的目標不符。這時候我們可以藉由替換句子中的元素，來讓大衆習以爲常的句子更有新意。想要修改句子來進行創意溝通，你可以依照以下的步驟進行：

◀ 思考你喜歡句子的哪個部分，檢查哪個部分不符合你要溝通的目標

◀ 確認該金句不可置換的核心是什麼

◀ 找出名詞和動詞，並進行替換或延伸

例如我在自己經營的《我是文案》的跨年社群貼文中，寫了以下這個段落：

> 但寫字的人，本來就是山中無甲子又寒盡不知年的。
> 我們龍宮宴飲、遇見仙人下棋、登上太空船；
> ——就算顧不得選座位就跳上去，卻咩噗通通掉下來。

這個段落裡面改動了google執行長瑞克．施密特（Eric Emerson Schmidt）說的話：「如果有人給你一個火箭上的座位，別問位子在哪裡，上船就對了。」這句話原先是在鼓勵聽衆把握快速發展中企業的職缺，不要猶豫太多細節，也能引申爲把握機會。而我在這裡則把它轉用來描寫人們一整年裡面對新冠病毒威脅時，面對機會的無能爲力。

接著我們進行三個改動步驟。第一，在溝通目標方面，我會選擇這個句子是因爲飛向太空這個意象符合了我文章中想要描述時光飛逝的概念，讓光速行進會讓時間變慢的典故，與浦島太郎和爛柯山的典故一起呼應「山中無甲子」；但是把握機會就會成功並不符合過去一年的困頓現實，因此我調整了原句，加上後來發生的情節「統統掉下來」。第二，整個句子的核心就是用來比喻把握機會的「登上火箭、座位」兩件事，也是讀者在閱讀這個句子時最容易記住的部分。第三，這個句子裡的名詞包含「有人、火箭、座位」，動詞包含「問、上船」，其中我將「別問位子在哪裡，上船就對了」的第三人稱，轉換成第一人稱的「顧不得選座位」，更能創造出急迫和身歷其境的感受。

【技巧18】選擇名言佳句時，三件事情不要做

雖然使用名言佳句的效果好、產出快，但是對於初學者以及非行銷公關領域出身的人來說，還是有需要注意的地方。因爲使用名言佳句的目的，是用來增加品牌的質感，所以這三件

應該避免的事是最基本的提醒，如果做了這些事有可能減損自身的品牌價值，所以特別需要注意。

一：不要損害其他品牌的價值

在一、二十年前，大部分廣告會精心製作獨特的標語和訴求來讓讀者記住自己；但是在社群的時代，創意的所有權已經越來越模糊，甚至連大品牌都開始以開放的心態來看待社群上的改作話題。最明顯的例子就是日本的動漫產業，雖然動漫作品具有著作權，但是官方常常以睜一隻眼閉一隻眼的態度開放同人誌創作，正是因爲這些自發性的二次創作可以拉抬原作的知名度和人氣。所以有些品牌面對相關的社群擴散效應時，就算其他品牌挪用原始創意進行商業使用，多半也會一笑置之，例如我就經常看到社群上許多中小型品牌使用近期熱門的 Uber eats 標語「今晚，我想來點……」描述自己的產品。（更多的抄襲相關內容，會在後面的章節裡談到。）

但是翻玩致敬和抄襲毀謗只是一線之間，就像日本官方也不會開放色情暴力主題的同人誌創作一樣，文案翻玩若要搭別的品牌的順風車，記得不要反而造成對方的困擾，或者損害對方的利益。基本原則包括：不要使用規模相近的競爭對手的內容、不要將主題與色情暴力政治宗教連結、翻玩擴散度低的小品牌原生內容時建議附上來源，尊重對方製作內容所投入的資源。

二：不要每一篇文案都使用名言佳句

名言佳句的效果是畫龍點睛、加深印象，但是如果每一篇文案都在講別人說過的話，難免會讓消費者認為品牌沒有自己的個性和觀點，產生反效果（當然如果你想做的是選品店或者內容媒體，那就另當別論）。

不僅如此，因為名言佳句的來源很多，古今中外都有，如果每一篇文案都要使用名言佳句，在公司營運的產業領域不變的情況下，勢必很難找到符合需求且出處一致的名言佳句，如果廣泛使用不同來源的句子，也很難控管這些文句的風格一致性，反而會造成行銷上的麻煩，所以不建議在每一篇文案當中都使用名言佳句當作創意點。

三：不要使用時事金句撰寫長期使用的文案

除了經典的名言佳句之外，還有一種句子是因為新聞事件或名人話題而流行起來的時事金句。這些內容雖然會在短時間內很吸睛，同時帶來社群的熱度和流量，但是千萬不要拿它用在長期使用的文案上。因爲對於品味消費者來說，對於自己關注的主題中任何時事的敏銳度都會很高，如果沒辦法卽時更換文案，則暗示了品牌對該領域的嗅覺敏銳度不夠，會減損對方對品牌的評價。

可以使用時事金句的文案包括社群貼文、口碑行銷、部落客見證、案例評論等，這些文案的特點是素材上通常會有日期，或者在時效性過了之後就難以被搜尋到；卽便是案例評論，也會因爲是針對單一事件而寫，所以比較不會有過時老舊的問題。而不適合使用時事金句的文案型態，則包含產品文案、品牌故事、品牌標語、銷售手冊等，任何不知道未來會被使用多久的文案，都不建議使用時事金句。

法則 13

品味文案不能犯的三大錯誤①：要原創

要藉由品味文案打造更高階的品牌形象進一步提升價值，除了改善文案內容之外，還需避免犯下千萬不能犯的錯誤，第一個絕不能犯的錯誤就是抄襲。因爲品味消費者的主要購物動機是鑑賞體驗與自我實現，而抄襲行爲正好是最爲牴觸這兩個動機的狀況，因此對品牌來說千萬不能夠發生。

文案內容到底有沒有抄襲，大多數時候得由作者把關與自由心證，但我們還是可以在執行前進行幾個步驟，來保障雙方的權益。這個部分將會從企業端與文案執行端兩個方向，來分享避免落入抄襲窘境的實際預防方式。

品牌把關文案內容的三個預防方法

雖說抄襲非常不可取，但是在專業分工的時代下，許多品牌選擇與外部的工作者合作，基於誠信原則，也大多不會第一時間審核對方繳交的成品是否眞正是原創內容，這也就給了某些不肖寫手取巧的空間。

畢竟連文學獎的評審，有時候也是要接獲檢舉或者多年之後才知道得獎作品是抄襲，何況是平常閱讀量不多的普通人，就更難從初次閱讀中得知文案內容是否有參考其他品牌或創作作品。不過，這也不代表品牌完全沒有責任，未善盡把關而助長抄襲、侵犯他人著作權的錯誤還是很嚴重的。

品牌進行文案內容時，可以把關的方式有以下幾點：

一：慎選可信文案寫手

市面上提供便宜服務的文字工作者有很多，要從中選擇最低價的來節省成本一個並不困難；但是就像食安問題一樣，一分錢一分貨，選擇來路不明的寫手可能一時半刻沒有傷害，但是一旦出問題，賠上的是品牌的形象。

查核方式可以是從他過去的作品集裡，試著使用搜尋引擎查詢看看有沒有類似的內容出現；也可以透過有償試稿的方式挑選幾位候選人試寫看看。不只是看接案者的作品集，而是直接付出相對應的報酬產出更精確的內容。不推薦無酬試稿的原因是，會從事文字工作且成就優秀者，多多少少擁有愛好知識的個人特質，因此對尊嚴、正義、道德等認知較強，無酬試稿不容易得到優秀者的參考作品。

二：善用檢核工具

完稿之後使用最基本的 google 抽查是可行的，不過也不要看到部份相同就擴大解讀寫手抄襲，因爲法律上對侵犯著作權的判例常依個案而異，引用多少比例就算抄襲還沒有定論，所以也不建議第一時間就斷定對方抄襲，而會建議先與寫手討論引用的動機與目的，是否有引用其他內容的理由，再進行下一步動作。

不過這裡要特別注意的一點是，**雖然侵害著作權的判定標準較模糊，但是故意遊走邊緣去使用反而比純粹抄襲對品牌的傷害更大**。遊走邊緣的作法雖然可能無法可罰，反而會讓消費者覺得是一個故意抄襲又死不承認的品牌——使用標準檢核的原則，是用來與承接專案的文字工作者溝通，並評判未來的合作可能，而不是用來為品牌開脫。

三・適度保障自身權益

若以外包案來說，開案之前通常都會簽訂合約，此時企業可以放入違反著作權的處罰條款在內，減少遇到有心的不肖寫手或創作者，交出疑慮作品的可能性。若是內部的員工所為，則可以依照損害品牌利益來判定。

文案人避免誤踩抄襲陷阱的方式

除了品牌必須保護自己之外，文案人也要自我保護。對文案人來說，我們可以透過以下的作法來增加可用素材，並且避免不小心抄襲別人的作品。

一：附上資料來源

現在網路資訊發達，有時候，別人的原生內容其實也是非常有價值的，直接說明與轉錄也是不錯的方法。這時候可以跟原始來源洽談轉錄事宜，同時在露出時附上來源。傳統企業有時會有不願意在自己的媒體上出現別人內容的觀念，覺得是爲人作嫁、白白浪費流量。但如果從成本的角度去思考，完全獨立產出原生內容的所需時程較長，算下來費用也未必較低，倒不如直接試著洽談簡單的合作或授權來得更有效。

而且我認爲在網路時代中，有價值內容的互相轉載代表的價值觀還包含了樂於共利分享、資訊流通的正面意涵，對品牌來說未必是壞處。在尋找參考資料時，我們可以特意選擇和自己不同產業領域的創意，這樣彼此既不會互搶生意，也不會因爲使用了類似的思考脈絡讓消費者覺得審美疲勞，如果遇上和自身所屬品牌規模相似的其他團隊，甚至可以彼此互相拉抬曝光。

這時候，品牌要做的就是在這些有價值的內容基礎上，**進一步加入自己的觀點與敘述形式的創意，來和既有的內容做出區隔**。

二．與業主充分溝通

有時候，就算我們沿用的是業主提供的內容，也會不小心誤踩抄襲陷阱——本以爲是將部份字句再度使用延續品牌風格，沒想到該資料是其他公司的內容，我們只能參考不能夠全權使用等，這時候我們就要多方確認資料的可用性，以保障自己的權益。不管你是外部單位的文案人，或者公司內部的員工，都建議可以確認以下幾件事：

- ▼這些資料全部都是屬於公司所有嗎？
- ▼能否沿用資料裡的字詞？
- ▼如果沿用字詞發生問題，責任歸屬爲何？

三．簽訂合約

和上個段落中的發案業主部份相同，業主固然需要確認文案寫手沒有抄襲；以寫手自己的角度來說，需要確認的則是對方提供的資料我們都可以使用。在開始進行前把這些內容都記錄下來，透過立定合約白紙黑字確認，不僅可保障雙方權益，也等於爲雙方多加一道檢核手續，讓工作流程更嚴謹。

同場加映：跟風還是抄襲？

追時事熱點到底是跟風還是抄襲？這應該是近幾年來社群經營者和知識型意見領袖最常碰到的問題，我想要分別由「侵權」與「沒創意」兩個角度來探討。事實上，在著作權法中並沒有抄襲這個概念，而是透過重製權、改作權、散布權和合理使用規範來平均的維護著作人的權益並促進社會文化發展。

著作權規範

章忠信在《著作的合理使用》當中提到：

著作權法第一條規定：「為保障著作人著作權益，調和社會公共利益，促進國家文化發展，特制定本法。本法未規定者，適用其他法律之規定。」所以說，著作權法立法的終極目的，是要「促進國家文化發展」，而為了要達到這項目的，必須透過「保障著作人著作權益」與「調和社會公共利益」為手段。

而說到合理使用的範圍，大衆最常聽到的應該會是非營利、個人使用與教學使用。很多人會認爲只要有附上出處、是爲對方說好話，這樣子就不屬於侵權；但是隨著各種線上平臺的興起，似乎連流量本身都會和盈利劃上等號，所以這時候就要特別注意侵權的可能性。如果沒有直接向作者取得授權，只是附上出處與標註姓名時，侵權與否就會取決於版權方的認定，因此還是正式取得授權會最保險。

而關於追時事熱點時要如何避免沒創意，對我來說，跟風是否具有創意，主要看重的是文案邏輯是否合理、行動訴求是否有消費原始出處之嫌。我以前陣子流行的跟風話題「像極了愛情」來舉例。這個流行的起源是因爲知名導演蘇文聖（蘇三毛）在網路上分享一張「教你如何寫詩」的圖文，裡面是這樣寫的：

1. 隨意寫一段話；
2. 最後加上「像極了愛情」；
3. 完成。

許多品牌紛紛效仿，將自己的服務或產品寫成兩句話，再加上結尾的關鍵句。但是這麼多品牌的操作褒貶不一，有些被網友紛紛轉發，但有些就被網友認爲無趣。重點之一在於不可以硬把內容過度扣連產品，因爲這個風潮的出處其中一個原始要求是「隨便寫兩句話」，這時如果太用力宣傳產品就會不夠「隨便」，違反了這個網路共同創作的初衷，因此會被認爲沒有創作精神。

但是，因爲寫文案還是爲了行銷產品，此時跟風簡單不出錯的方法是只講和產品或利害關係人有關的現況處境如「關係連結、期望、悲喜、有無」等，而不爲了跟風而硬是找出無關的內容來撰寫。

「怎麼說」有時比「說什麼」更重要

說到這裡或許你會想知道，如何區分抄襲和使用類似的創意策略？所謂的抄襲，指的是沿用已經出現過的表達形式，而不對思想、原理或發現等概念進行限制。舉例來說，每個人都可以自由的使用「女人就像花一樣」這個概念，你可以把媽媽像朵康乃馨、鄰家姊姊像株野薑花這種比喻放在文案中，但如果直接拿梅艷芳的歌詞「女人花，搖曳在紅塵中」段落擷取變成文案的內容，就有侵權疑慮。也就是說在文案撰寫時，使用類似的創意大綱來執行廣告素材是完全沒有問題的，而這時候文字表達技術的精緻程度，就是左右相同創意概念、不同廣告的成敗關鍵。

在品味文案中，原創就是**用別人不會使用過的詞句選用排列，描寫所有人都憧憬的共同願望**。

我曾經參與一個以生活用品爲主題的展覽專案，裡面有個部分要以喜怒哀樂等情緒分別描述人們在浴室裡唱歌的情形，我將拿這些文案內容來當例子，和你分享我使用了哪些手法，讓你體會不同描述形式可以產生的體驗：

文案原創手法

喜

從鼻腔共鳴逸出的柔軟哼唱，就像對今日心得按下的一個讚。化成音符的小確幸，是人們在私密空間裡自行創作的撫慰過程。平靜純粹的C、F、G大調，不僅是創作者熱愛的大眾口味編曲素材，琅琅上口的旋律總是進入人們的潛意識，在平淡的日常中自然縈繞，也讓它成為最適合點綴生活的抒情流行。

形象化：從「鼻腔共鳴」逸出的柔軟哼唱

譬喻：就像對今日心得按下的一個讚

借代：平靜純粹的「C、F、G大調」（以部分音調代替音樂的整體）

怒

安迪沃荷說，任何人都有15分鐘的成名時間；而當我們憤怒的時候，可不會想要把火爆的臭名留給甚麼人。還好家家戶戶都有浴室，能讓壓抑不了的高聲嘶吼在短短一刻鐘裡面得到發洩，狂躁與暴裂、雷霆與激昂，幸好都會成為練歌場裡的耳邊風。

引用：安迪沃荷說，任何人都有15分鐘的成名時間

對比：成名時間／火爆的臭名

運用少見字詞：憤怒↕狂躁、暴裂、雷霆、激昂

哀

在二十七種人類情緒當中，悲傷的情緒可以持續一百二十小時。這時候，我們需要深

入心底的傷感音樂來給自己一些溫柔。在封閉無人的空間裡，悲傷的情緒可以沒有顧忌地釋放，廣大世界裡的婉約或哀愁，都順著小小的水流進入地底化為塵封的記憶。容易悲傷的悶世代，我們等待一首可以再度開啟心門的歌，低迴，卻與你同調。

權威數據：在二十七種人類情緒當中，悲傷的情緒可以持續一百二十小時

對比：我們需要深入心底的「傷感」音樂來給自己一些「溫柔」

拆解：容易悲傷的「悶」世代，我們等待一首可以再度開啟「心門」的歌

運用少見字詞：傷感↕難過／婉約↕溫柔／哀愁↕哀傷

樂

擁有明快節奏、振奮旋律和正面歌詞的歌曲，可以促進腦內分泌多巴胺，使人感受到快樂、興奮的情緒。跟著熟悉的快樂曲調放聲高歌，可以激勵人心、補充能量，還可

以激發擴散性思維提昇創意產出。從家鄉到城市、從懵懂到勇敢、從今天到未來，一首好歌帶來一天自信，完全是有著科學根據的事情。

權威數據：可以促進腦內分泌多巴胺

排比：從家鄉到城市、從懵懂到勇敢、從今天到未來

首尾呼應：完全是有著科學根據的事情

這些文案如果不使用任何修辭只閱讀內容大意的話，講述的只是產生不同情緒的時候在浴室裡可以選擇唱些反應情緒的歌，概念平平無奇；但是用了不同的敍述形式後，文案就成爲引導受衆進入品牌生活風格的接點，透過不同的場景選擇來跟受衆產生審美上的共鳴。

所以只要避免逐字逐句地抄襲這個大忌，即便沒有獨特的創意策略，透過文字形式的調整與轉換，還是可以寫出提升品牌形象的品味文案。

法則 14

品味文案不能犯的三大錯誤②：要尊重

品味文案瞄準的客戶，經常是社會上的菁英份子，他們擁有可負擔得起品味消費的高收入，也擁有能夠進行品味鑑賞的高知識基礎。他們平日待人處事時，多半以禮貌尊重的態度和陌生人互動、並希望精準有效的進行溝通，相對的也較無法接受隨性的言行舉止。而在網路行銷時代無法面對面溝通的情況下，只剩下文字能用來建立消費者與品牌間的關係，因此稱謂與人際關係的拿捏就變得更形重要。

拿捏品味族群的尊重界線

在撰寫任何文案時，語氣友善尊重都是基本條件，但每個不同族群對於友善尊重的認知必定會不同。打個比方：有些企業認爲必須以姓氏加上職稱來稱呼公司同仁（例如林經理），不然就是不禮貌；有些企業則希望每個人都可以用英文名字相稱（例如Amber），這樣更沒有距離感。先觀察不同族群的認知，再以對方習慣的方式進行互動，才是更有效的拉近距離方式。

針對品味市場的受衆，我的經驗包含以下五點：

一：不要教對方，而是給資訊

創業家雜誌專欄作家麥卡蒙（Ross McCammon）曾說過：「要給別人建議的第一步是：不要給建議。」人們在自己沒有發問的前提下，面對別人給予的建議多半感到困擾，尤其對直接幫自己決定「你應該這樣做、不要那樣做」的發言反感。較好的方式是提供對方更多可供決策的資訊，把決定權交還給對方。在文案撰寫時，可以選擇以陳述事實來取代命令句：

（×）你應該／你不應該……

（×）你必須／你不能……

（○）你可能遇上……

例：以詢問與確認的婉轉語氣「職場管理受阻？你可能遇上了世代落差問題」取代「職場管理受阻？你必須學習換位思考」。

（○）我們推薦……

例：以「我們推薦招牌海鮮套餐」取代「你可以選招牌海鮮套餐」。

（○）80％的人認爲……

例：以「本月有80％的顧客選擇購買A組合」取代「你應該買A組合」。

二：不要把人貼標籤

爲目標受眾設定人物誌（Persona）來描繪這群人的面貌，已經是目前相當常見的行銷策略進行流程。簡單來說，人物誌就是描繪使用者生活樣貌和形象的工具，例如，把傳統的行銷分類「35歲女性」改變描述成爲「關心寶寶和家人的媽媽」等。但是把受衆分門別類不代表某種人就一定會做出某種行動、擁有某種價值觀或者處在某種環境當中，千萬不可以倒果爲因，這樣反而會冒犯顧客。以下舉個例子：

（×）單身也可以很快樂！五個週末風格小旅行路線

（○）五個週末一人風格小旅行路線

這兩個例子的差別在於第一句將單身狀態加上應該更快樂的預設立場，第二種則是中性的描寫一個人的狀態。預設立場的壞處是會排擠不認同這個預設立場的受衆，而且客群也比較小，相較之下如果中性的描寫「一人」，不僅涵蓋了單身族群，也會包括處在任何情感關係但想要自己出門走走的受衆。

三・不要裝熟

品味的起源來自貴族階級，而貴族生活當中的管家文化，則在各種高端服務中保留至今。管家是什麼？最爲人所熟悉的例子，就是蝙蝠俠電影中的老管家阿福。與東方傳統主僕具有高下階級之分的概念不同，英式管家是以專業知識和人格風範獲得雇主的仰賴，他們與雇主的地位是平等的，並不需要去討好對方，也不是雇主的玩伴，他們會根據自己的判斷，以有禮的態度進行建議。而在強調品味的經營模式中，品牌正適合參考管家和雇主之間的距離感來進行溝通。根據這個原則，我們可以選用這些口吻：

為您準備……

例：「為您準備入住行政客房」，而非「帶你去登記入住」。

使用正式的招呼語

例：您好／早安／日安／午安／晚安，而非哈囉／嗨／安安……。

四：避免極端結論

使用極端語氣下結論，會讓受眾感到品牌過於自滿、浮誇、不謙虛，這和品味受眾崇尙的溫和謙虛、文化、理性元素是相悖的，他們會認為在沒有證據的情況下就進行宣誓不具備參考價值，因此使用極端的說法無法讓這些客戶為品牌加分。避免使用的極端結論說法有：

- 一定要／一定不要
- 必買／必玩／必吃
- 絕對／保證／最／不可能

極端的廣告用語不具備參考價值的具體證據，就是在醫療、美妝、保健法規或者某些國家的廣告法中，同樣禁止使用極端字詞。你可以用這些和意見領袖、權威與科學證據有關的字詞來替代：

- 誰在用／誰說／誰買
- 十種／總整理
- 鑑定／實證／研究發現／報導

舉個例子：

- 臺中必吃文青餐廳，保證美爆
- 英國哈芬頓郵報推薦臺中10家風格餐廳總整理

第一個例子給人的感受比較通俗大眾化，也展現出比較多的作者個人觀點與情緒，第二個例子則使用了「意見領袖」、「資訊整理」、「指出事實」的方法撰寫讓文字比較優雅中性有品味。

五：避免過於激動的語氣

激動的情緒具有感染力，但若主題不是放在體驗情緒感受時，額外出現的情緒就是不必要的資訊，會影響整體氛圍。避免以下會讓語氣不夠莊重的用法：

◀ 減少無意義的語助詞和感嘆詞

◀ 除了感謝之外，盡量不要使用驚嘆號

商業案例：不再回流的老客戶

比起製作網站文案或印刷品等傳統型態的專案，品牌對於社群還是比較輕忽且陌生，因此與消費者長期維持細緻的溝通模式，也是許多想要朝質感路線邁進的品牌容易忽略的部分。前陣子我剛好遇到一個因爲社群文案中的措詞不當，而導致飯店流失客人的案例。

故事是這樣的，一位顧客不喜歡廣告文案中的「回流客」一詞，留言說「回流客聽起來好low」。而飯店方的回覆則如以下：「您好~謝謝您的指教，我們下次會修正。也跟您說明解釋一下，回流客的意思是熟客或老客人的意思^^也謝謝您的關注和支持。」

這樣的回覆消費者似乎不是很滿意，進一步表示「我是你們的老客人，不喜歡被叫回流客，感謝你的回覆，以後也不會回流了」。

如果單看文字的意義，要描述再訪的客人時，確實使用老客人或者回流客兩者皆正確，但若要以廣告文案的角度來說，在「品牌風格定位」、「消費者心理」、「顧客關係管理」三個地方都需要關注。

以下我試著分析：

顧客已經表示「聽起來好low」並不是不懂回流客這幾個字的語意，而是對品牌選用這幾個字的品味判斷，用較爲直接的方式提出希望改善的反應。但飯店小編的回應卻沒有針對「low」去回答，而是回答了「回流客是什麼」這個沒有眞的出現的問題。

雖然小編有先感謝對方，但解釋回應的方式犯了兩個大忌。首先是**感謝的力道不夠強**，雖然顧客的語氣比較直接，但品牌也要想到「回流客」這三個字正是在稱呼顧客本人，對顧客來說就是被用自己不喜歡的方式稱呼了之後，也沒收到應有的更正。沒有照顧到顧客的情緒，是忽視了消費者心理的表現。

第二點，小編用解釋的方式來回應對方，**有點自己就是想要這麼用**、這樣稱呼是「對的」的意味，乍看之下沒有什麼問題，但是容我在這裡用稍微激烈冒犯的方式來舉例，或許大家較能理解：

「外勞聽起來好 low」

「您好～謝謝您的指教，我們下次會修正。也跟您說明解釋一下，外勞的意思是移工或部落青年的意思 ^^ 也謝謝您的關注和支持。」

這樣就很清楚了吧？明明有更親近友善的措詞不使用，反而用了受衆可能反感的說法，當然會招致對方的負面回饋。

爲什麼用回流客不好？

回流客雖然也是一種在商業場合中定義正確的說法，但它多半使用在客戶關係管理（Customer Relationship Management，CRM）的情境中，更像是把客戶看成「收益數字」而非「客人」。而「流」這個字在中文裡也多半不會被用於人類行動，而就像其他讀者的回應寫的，用於生物較多。所以要把「回流客」這個名詞用做調查與討論時的一致溝通方式尙可，當面講就不太適合了。

那我們可以怎麼對消費大衆友善親切的形容「回流客」呢？我認爲以下的方式都不錯：

◀熟客／常客

◀老客戶／老朋友

◀回訪／再訪

而如果是我，我會這樣回應該篇貼文：

很抱歉帶給您不舒服的感覺，貼文中的稱呼已經立刻修正（或者寫因為廣告投放緣故無法立刻修正本次內容，但我們會在未來貼文中馬上改進），對我們來說，所有多次到訪的客戶都是我們的老朋友，因為專注旅遊體驗而對文字運用較弱是我們還需要學習的地方，無論是文字運用或任何意見，請您繼續樂於給予我們更多建議，讓我們更貼近屬於臺灣的質感文化！

不要專注視覺、輕忽文字

經營質感品牌的店家，多半會把資源投在空間、圖片等視覺的規劃上，初期建立品牌時或許會將文字納入一同規劃，但是等到進入長期經營的期間，文字上的溝通就比較常被交給非專業來處理，也才會鬧出像這次的事件。在用於營造質感的廣告素材中，圖片給人的印象雖然比較深刻，但是文字內容說些什麼，反而才是品牌與客戶之間日日相對的溝通方式。

如果精心雕琢的文案是宴會場合中爲了令人驚艷而上身的正式服裝，普通的告知資訊和口語對話才是卸下防備後的眞實自我，因此對於長期客戶、舊客戶來說，持續互動的每一句每一字，比爲了大型行銷活動準備的標語，更會影響他們心目中對於品牌的評價。

如果你想要投入品味市場的經營，又沒有足夠的人力和資源長期維持所有通路的品質的話，倒不如不要規劃該溝通管道，或者拉長曝光週期，反其道而行改以維持神祕感的方式，營造頂級低調的尊榮風格，都比不統一的曝光內容要來得好。

法則 15

品味文案不能犯的三大錯誤③：要雅俗共賞

這篇文章是寫給來自創作背景，卻還沒有開始培養商業思維的廣告文案新人們。重視文筆修辭而厭惡庸俗的日常口吻，這樣的關卡是許多具有文學或創作背景的人難以突破的。就我的看法，我認爲創作背景的人在撰寫文案時有觀察力敏銳、切入點新穎、用字精準的優勢，和銷售型文案相比，品味文案也比較不容易碰到商業思維缺乏的劣勢，相對只要注重傳達完整的氛圍、能夠描寫別出心裁的誘人體驗就可以；但越是在這樣的環境裡，就要越小心記得：文案仍是爲商業目標服務的文字，而非純粹的創作。

文案和文學有什麼不同

有志投身文案工作、又對文字感興趣且有寫作經驗的文案新人，第一關會碰到的常是主管對你說：「你不要一天到晚在那邊文學創作！」遭受到這樣的評價，常讓我們感到困窘又難堪，明明是想要以優美的遣詞用字來感動人心，為什麼會如此不被肯定呢？回想我們求學的過程，或許可以略窺一二，進而不再這麼自我否定或者創作撞牆。

過去的日子裡，或許我們都是一路對文字特別敏銳的人，但是別忘了，每個領域都有金字塔，若你站的是創作金字塔的頂端，比較難在現在的社會風氣中被推崇，不像是具有成績好、長相漂亮等人知道自己佔據優勢位置，因此不會發現自己站在比較高的地方，也會常常忘記回頭向下看，也就更容易不小心犯了知識的傲慢，認為每個人都應該擁有和自己相等的專業知識與素養。

我很喜歡鯨向海那首新詩〈你是那種比較強的風〉裡面寫：「你是那種比較強的風／我的靈魂依附在上面／是那麼容易散落」——但是大部分的人其實不懂得，什麼叫「你是那種比較強的風」，我們要做的是寫出心目中讀者看得懂的內容，而不是預設讀者應該是哪些人。

這裡我想用圖畫來比喻文字、文學和文案的差別。文字是組成詞句的基本單位，一個字就像一種顏色的顏料一樣，雖然也有個別意義但是作用不大，而是用來繪製出想要傳達的整體；文學就像用這些顏料畫出來的創作，你可以寫生或抽象，也可以不畫任何有形的物體只是單純磨練技巧；**文案則像是一張用來插入版面的圖庫資料，你拿這張圖來裝飾部落格或者讓想表達的內容更具體**。

也就是說，文案當然有可能是靜物、抽象、風景等主題，但必須先判斷你打算拿這張圖做什麼用，而不是因為今天自己有靈感想畫什麼，來決定文案的主題內容。

為什麼我們需要寫出「醜文案」？

撰寫文案的時候除了創意與美學之外，溝通更是主要的目的。我曾經寫過一段短文，描寫我心目中對文案功能的想像：

描寫心中對文案功能的想像

文案是媽媽
完全知道那件法國蕾絲胸罩在衣櫃裡的哪個抽屜、記得它的肩帶長度、知道穿上之後如何側身讓髮流剛好掩到鎖骨下面三公分；但是不。
但是選擇白色棉布的那一件，只待乳汁能夠恰到好處地舒展以餵養——藏起來的是自己；泌出的是因你而來的自己。

市面上之所以會有許多不同形式的文案，是因爲目標受衆的不一樣——有時候是在科技業上班的男性、有時候是高中少女、有時候是公車上大嗓門的中年人，我們必須相應調整自己的寫作方式，才能達到溝通的目標。

創作有時候有點像當廚師，什麼都不會的情況下煮出來固然難吃，但高手使用實驗性的食材與技巧做出來的菜也經常不是大衆可以馬上接受（想想你有沒有花大錢去主廚餐廳吃飯反而覺得不習慣的經驗）。顧客雖不一定是上帝，卻還是我們必須贏得歡心的人。

老嫗能解的白居易和用字奇巧詭異的詩鬼李賀，他們都是偉大的詩人，文案和文學的差別也是如此。並非使用簡單直白的手法寫文案就必然庸俗，但若把所有人的文字素養都當作和自己一樣，那更是菁英主義的傲慢。和只會寫一種形式且總是使用類似修辭濃度的人相比，可以有效調整自己如何撰寫文字的文案人，更是眞正高超的文案。

對我來說，文案更趨近於實用美學，如同建築。所謂的雅俗共賞，則是一種可以爲受衆量身打造出所需內容的能力。

雅俗共賞的品味文案該把握哪些要點

但是如果文案需要肩負傳達品味的功能，絕對不是一味迎合受衆就好，我們的目標是一邊回應受衆的生活風格，一邊形塑出值得追求的美好情境，讓他們在熟悉安全的環境下，獲得不同於以往的良好體驗，並且因爲這些體驗而開始認同品牌以及購買產品，這樣才能達到提升品牌價值的目標。

先了解你的受眾

爲了讓文案呈現的效果最佳，你可以先找出讀者會感到舒適的閱讀方式。首先，你要確認的是你的受衆平常最有可能閱讀哪一類的內容，是專業領域相關、創作相關、甚至經典文學相關？找出大部分人最喜歡的內容類別，可以大概勾勒出他們的閱讀偏好。如果品牌過去就持續進行內容行銷溝通，你可以依據瀏覽次數把社群與官方網站上最受歡迎的文章挑出來，並依據下面的清單觀察它們的共通點：

- 是否有特別受歡迎的主題？例如教學文、日記文、產品文、資訊新知等
- 是否有特別受歡迎的撰寫風格？例如溫馨、幽默、專業等
- 是否有特別受歡迎的格式？例如長文、短文、金句、時事等
- 是否有特別受歡迎的創意？哪種族群會喜歡它？如美式幽默、老派笑話、梗圖等

如果發現任何的共通點，你就可以把它們拿來當作未來呈現文案方式的參考。比如說喜歡「日記文、溫馨、長文」的讀者，和喜歡「資訊新知、幽默、金句」的讀者，你能下筆的方向

就很不一樣。

注意拿捏文字的難易比例

接著你可以依照對讀者的了解，來規劃要以哪種筆法撰文。如果讀者的閱讀能力越強，資訊的密度就可以越高，反之亦然。舉例來說，投稿學術期刊的時候作者會用到許多專有名詞和定義，也會在一句話裡面放入許多概念，因爲讀者都是習慣閱讀學術內容的相關領域專家，所以他們讀起來就不會太吃力導致難以吸收；但如果是經營科普粉絲專頁，你溝通的目標就會是盡量讓更多人喜歡品牌、吸收新的知識，這時候新讀者可能是第一次看到這個概念，甚至對你的知識沒興趣，所以就要更仔細地確認文字內容是否能夠簡單到讓不了解概念的人也看得懂。

以下是一些可以評估文字難易的元素：

- 生僻字、成語、文言文
- 學術專有名詞
- 修辭手法

◀ 歷史典故或次文化用語

以下我用兩段文案來分享一下，資訊密度不同時，文字讀起來會有什麼差別：

文字的難易比例

1. 散漫春光、古樹嫩芽，乘載著風土與時光軌跡的老普洱，是許多茶友們的心頭共好；而分享，是讓收藏更臻美善的另一境界。
2. 春光暖暖的慵懶、遠方的普洱茶古樹正在長出嫩芽，老普洱是許多茶友們的共同嗜好；而分享，會讓收藏的樂趣更上一層樓。

第一段文字的密度較高，使用了對仗、轉化、文言、簡化等修辭，而第二段就較為直接的講出想要溝通的內容，雖然它們的內容相同，但是讀起來的感受卻會有所差異。使用越多修辭時，越有因爲陌生化而產生的藝術性，使用越少修辭時，則產生親和的感覺；兩種手法並沒有必然的優劣之分，而是取決於你的受衆的閱讀習慣而定。

同時描寫關注精神與生理層面的內容

所謂的雅俗共賞意思就是要讓不同生活方式、知識程度的人都能夠欣賞，而我們可以藉由盡可能描寫不同生活方式裡的族群在意的事情，找出他們的共通點當作主軸，再分別加入針對兩者的細緻描寫，來同時感動這兩種差異很大的人。舉例來說，如果有一種理財產品想要同時賣給大學教授與保險業務員，我會這樣進行：

> 大學教授↓追求知識＋重視證據＋重視家庭生活
>
> 保險業務↓追求收入＋重視外在形象＋重視個人成就

我會先將受衆研究中的素材列出，發現兩者對金錢這個概念所擁有的共同點「穩定生活的基礎」抽取出來，再分別描寫兩者重視的「知識眞理」和「英雄形象」兩件事，完成這篇文案。

同理，如果想要再納入更多族群，那就先描寫所有人共同重視的事，再分開吸引各個族群就可以了。

錢不能買到親情，但可以買到一桌在深夜還冒著煙的晚餐。
錢不能買到真理，但可以買到一把日光色的檯燈和一本精裝書。
錢不能買到尊敬，但可以買到一身抬頭挺胸的氣勢。
錢不能買到溫馨的平淡，但可以買到門票，出發小時候想去的遊樂場。

文字有得是機會練習，先從了解受衆開始就好

我最喜歡的文案形式，並不拘泥於曝光的管道如社群、品牌故事、銷售頁或者傳統文章，而在於如何選擇其中的用字遣詞來表現內容。其中我最沈迷的做法，就是使用形象密度、典故與發散思維並具的文字風格來撰寫文案，我認爲這樣的做法最能夠因爲創新和趣味而吸引到讀

者的注意力。

在臺灣，資深的創意人許舜英與李欣頻都是善用這種文字形式來打造廣告的佼佼者，可以說她們是讓文案獨自躍上檯面受到關注的推手人物，大眾的目光不只聚焦在視覺與平面設計，也開始重視文字的設計。

但在這裡需要特別提醒讀者的是，文字技巧不是人人都可以立刻上手。就如本文一開始所說，這篇文章針對的是有創作背景的讀者們，而文學創意風格強烈的文案對於初學者來說具有相當的難度，如果你不是這篇文章所說從小就喜愛閱讀和寫作的人，而是以其他背景投入廣告行銷產業的人來說，很難一開始就做到類似的風格，但大可不必因此氣餒。

因爲充斥著大量資訊的年代正是最好與最壞的時代：在書籍銷售量下降的現代，大量的知識型商品以影片或者 podcast 的形式重新崛起，人們購買的是體驗與知識，而不一定得要用特定的形式表現，對於非創作背景的你來說，**你只需掌握人性，無需掌握閱讀**。

PART 4

開始加入理想的品味文案行列

法則16

企業如何開始嘗試品味文案

在我曾經服務超過兩百家以上客戶之後的觀察，我發現和已經培養起長期品牌形象的大型企業比較，中小企業客戶們較少嘗試品味文案的原因，主要是因爲無法判別它能獲得什麼效果、自己是否有能力執行，所以才會多半停留在使用白話、快速見效的銷售型文案方向。

但是，使用品味文案來塑造品牌的質感風格，也並不一定絕對導致銷售轉換率的下降，只要以下幾個要點拿捏得當，就可以在企業能夠控制的範圍中，提升品牌的質感與印象。

以品味文案來撰寫其中一部分內容

某些文案的整體性比較高，例如簡短的社群文案、橫幅標語等，這種文案較難在撰寫時採用一種以上的風格，必須精準的以同樣的態度傳達一件事情；但某些文案會由很多區塊組合，才可以傳達完整的資訊，例如銷售頁、一頁式網站等，這時候就可以將其中一個部分置換成品味文案，以內容的價值和產品的價值互相加乘，進一步吸引讀者。

舉例來說，銷售頁的常見組成結構會有以下幾個區塊：

- 痛點闡述
- 產品功能特色
- 使用者見證
- 購買流程
- 行動呼籲

這時候你可以使用品味文案的方式，去撰寫其中一或多個區塊。以文字來強調提升個人社會地位的自我實現利益、產品可以帶來的美學或體驗等感官利益、具有閱讀價值的文字內容利益，幫產品在主要功能之外再度加上更多的價值；這三種利益可以獨立出來，或者與既有區塊融合。

以下我以洗衣漂白產品來當例子，分享三種利益的寫法。例如自我實現利益可以與痛點闡述的部分整合，變成：

原文案：襯衫袖口洗不乾淨？ 融合自我實現利益：為什麼他的襯衫看起來像有私人管家幫忙清洗？

美學或體驗的感官利益可以和產品功能特色融合，或者直接獨立出來成爲一個區塊：

原文案：去污力高達99％，還原衣物潔白。 融合感官利益：99％去污力，1秒回到買新衣那天。 獨立出來：搖曳在陽光中的透白，是對日常的紀念。

內容利益則可以像是在頁面當中忽然加進來的詩、散文或小說，進行獨立撰寫，作爲分隔整頁的區塊，也用來調整全文的資訊濃度與節奏感。例如在講完產品特色後加入一段：

> 生命中，如果有些事情來不及搓洗乾淨，泡著泡著，慢慢的也就淡掉了。

在既有的文案撰寫模式中，試著以這三種方式加入品味文案的手法，可以在轉變程度較小的情況下，檢驗受衆對品味文案的接受度，以及測試行銷團隊能否有效的掌握品味文案的方式。

將品味文案使用在特定產品

如果企業的經營走向不完全主打公司品牌，而是以產品品牌爲每一個不同的產品分別溝通，那針對主打質感消費者的產品撰寫品味文案來銷售，也就是理所當然的事。這樣做的好處是單一產品的形象不會排擠到其它產品，避免混淆過去建立起的品牌形象。

另外，如果過去企業已經有不錯的穩定客源，但還沒開始塑造品牌形象，也不知道這些客戶爲何喜歡自己的品牌，也可以直接使用原來的品牌，推出針對質感消費者的新產品並進行溝通，測試這樣的升級是否符合使用者的偏好。

品味文案可以用在商品的以下部分：

產品名稱

功能性的產品命名和品味質感走向的**產品命名**，給人的感覺會很不一樣。例如「眠月」和「薰衣草舒緩放鬆精油」可以用來指同樣的產品，但是非功能性、具有情境意象的品味文案，就能先把受衆帶到自己想要讓他們體會的情境中，增加不同於以往感官體驗的附加價值。

產品描述

在官方網頁或者網路商城的最上方，我們有時候會看見大約一百字左右的一段產品描述文字，講述這個產品的功能特色或者基本規格等。這個區塊的產品描述，也是可以導入品味文案的部分，因爲大多數電子商務店家，會在正式的銷售頁區塊（就是大家常在商城看到，圖文並茂的長條圖頁面），才把產品的功能特色講得很清楚，而一開始的產品描述就變得更像額外附加的說明，反而讓商城頁面固定的描述區塊被忽略，這時如果採用品味文案的手法撰寫產品描述，就會和市面上的常見作法很不一樣，可以抓回讀者的注意力。

常見的產品描述區塊可能會如下：

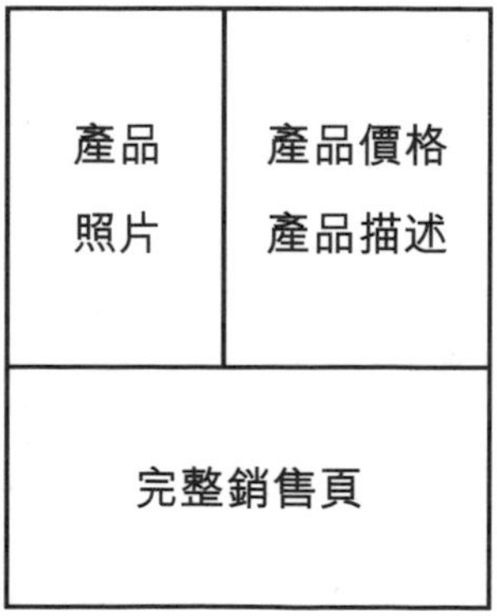

產品橫幅

產品橫幅可以沿用和產品描述類似的寫作方式，只是溝通的型態更爲完整，不僅有文字，還可以用情境圖搭配來輔助。常見的產品橫幅多半會放上價格資訊、促銷期間等內容，但是如果並非打折促銷、熱銷款式、新品上市等原因，將產品放上橫幅主打的理由有時候會較爲薄弱，這時候品味文案就是個很好的切入點，可以因爲「我想和你分享不同的生活感想」的理由，而再把產品向消費者溝通一次。

分眾發送，給想看的人看更有效

剛剛說的方法有的是要撥出內容的一部分加入風格、有的是產品需要針對特定受眾來規劃，還有沒有辦法在完全保留原有走向與流量的情況下嘗試呢？還是有的。利用分眾發送的方式，可以一邊繼續用平民化的口吻對普羅大眾溝通，也一邊嘗試發展注重風格與興趣的消費者。

A／B測試

A／B測試簡單來說，就是讓兩群使用者各自看到A、B兩版不同的內容，再看看他們較喜歡兩種內容中的哪一種，進而採用較佳的解決方案。這個方法可以用來快速測試素材或者版面的成效，並協助企業進行決策。

近年來熱門的社群廣告投放，很適合讓企業測試品味文案和舊有的文案哪一種對品牌更有幫助。可以將品味文案的作法當做A／B測試的其中一個版本，一般文案當作另外一個版本。因爲社群貼文的製作成本目前和銷售頁比起來低很多，而且測試介面的操作彈性也較大，不太需要額外的人力進行上下架修改的工作，只要在上架時將兩個廣告的參數和預算設定好，就可以等待結果後再進行評估，因此很適合在企業資源有限的情形下嘗試。

主動選擇管道

線上與線下的溝通管道種類加起來有非常非常多種，舉凡實體的傳統看板、傳單、燈箱，到數位的 facebook、instagram、podcast 等，要注意的是各種管道都有受衆的差異，除了最明顯的IG用戶年齡層低於 facebook 並習慣看圖之外，就連實體看板也會放在哪個行政區、哪條路上的不同，也讓受衆型態都會有差別。

因此，想要開始嘗試使用不同風格品味文案的企業，也可以根據不同管道的差異，來試著將這些素材在特定的溝通管道或通路曝光，讓特定群衆對品牌建立起不同的印象。

節慶話題操作行銷波段

除了以上談到的分衆方式之外，還有另一個方式就是**善用節慶本身帶有的氛圍**，來讓風格的轉變顯得更合理與恰當。在臺灣電商環境中，需要極力爭取的節慶波段包括端午、中秋、新年三大節，以及父親節、母親節、聖誕節、情人節等。但是除了這些大型節慶之外，還有很多的節慶可以借題發揮，讓品牌搭著強大的節慶印象來妝點自己一番。

例如櫻花季時，品牌就可以闡述自己對於大自然美學的體悟、日本文化的認知等，談談平常品牌較少機會談論的品味話題，同時也不會顯得太過突兀。可能的品味節慶還包括二至三月的里約熱內盧嘉年華、次文化族群喜愛的5月4日星際大戰日、比利時電子音樂節等，品牌可以藉著這些較偏重於風格與個人興趣的節慶來發揮，增加自身的品味印象。

法則17

好文案何處尋？找夥伴的方法

品味文案——或者說任何一種文案——都對企業的溝通和形象影響至深，但對於一個希望能聘請優秀文案的主管來說，怎樣設計面試問題才能看出誰是優秀文案寫手？文案寫手自己又要如何精進技能呢？

這篇文章主要針對較少與正規廣告代理商合作的中小企業狀況分享，以便盡可能的讓更多企業知道如何與文案工作者合作更為順暢，也讓文案工作者們也可以知道要如何觀察企業職缺是否適合自己。

商業模式不同，好文案的定義不同

首先，優秀是一個抽象的描述，而評估商業文案優劣的重點，在於聘用的人選是否適才適用。舉例來說，如果品牌強調質感風格，但錄取的文案工作者強項在銷售型的直效轉單，就可能難以維持品牌一致的調性；反過來說，如果品牌個性是幽默搞笑，但是錄取了一個得過許多學術獎項的文案寫手，那或許也會要花很多力氣來調整。

大部分的消費性產業都需要用文字和消費者溝通，在內容行銷趨勢掛帥的現今尤然。但是，每一種產業需要的文字內容是很不一樣的，主要來自企業商業模式的不同而產生差異。

在具備文字基本能力的前提下，越能滿足商業目的需求的文案，就是越好的文案。

一開始，我們先來講講基本的要求：如果想要應徵文案的工作，撰寫出來的文章，至少需要語句文意通順沒有錯字、不誤用成語俚語和標點符號，當然也必須具備一定程度的資料閱讀能力。而身為用人的主管或業主，則可以直接閱讀應徵者的自傳來確認其文字基礎，接著可以詢問應徵者對招聘內容的理解，確認彼此是否對品牌的風格和業務目標有相同的期待，更進一步可以請對方提供作品集，分享當時寫該篇文案的目的，確認應徵者對商業文案的認知到達哪個層級。以招募的角度來說，主管本身若有一定的文字能力，則可以更精準的辨識出應徵者的程度。

這邊要特別提到一個容易忽略的要點，有一些人認爲文字工作只要會寫字、會說話就可以，重要的是對消費者和使用情境的洞察。這句話對也不對，了解使用者的需求固然重要，但是如果無法妥善的選用字詞將它描述出來，縱使在廣告策略層級找到了精準的目標受衆，也無法感同身受。

電子商務裡的好文案：又快又穩定

有些產業看重的是產出廣告素材的速度（例如網拍女裝、3C科技產品等電子商務品牌），在產品項數量很多，而且肩負吸引讀者責任的素材並非文字而是圖片的情形下，文案人不一定要非常優秀的創意，反之需要的是快速完成的能力、淺顯的使用方式說明和豐富的字詞知識，以穩定的行銷素材品質來展現品牌對產品品質的重視。

這時候業主可以拿產品撰寫來當現場試題，並以完成的速度來評估。但是需要注意的是，必須完整說明公司的需求（例如一天需要完成多少工作量，想要加強描述的地方是什麼，如強調產品的規格或者清楚描述材質等）並提供產品的資料，以便文案發揮。

反過來說，若文案寫手本身有興趣朝向類似的產業發展，建議投入心力在發展自己的字詞庫、了解關鍵字搜尋相關的知識，並盡量以發散的方式撰寫大量草稿，再進一步去蕪存菁，逐步增加產出的量，來練習加快寫作速度提升穩定度。

大眾品牌與新聞媒體裡的好文案：跟緊時事

有些產業看重的是緊跟時事熱點話題，以獲得最高的曝光和訊息佈達涵蓋率，新聞媒體或公家機關小編就是其中一個種類：在 facebook 觸及率直線下滑的現在，也有些整合平臺或民生消費性質的企業會採取這種吸引目光的策略，因為沒有特定的受眾輪廓，所以先讓最多消費者記住自己的品牌名稱再說，比如蝦皮購物、全聯等都是很常見的例子。

這類型的文案需要的是對趨勢的了解、快速搜尋與整合的能力、還有對網路話題的敏感度。例如一週內的十大熱門新聞、對於時事話題的觀點或創意，就是可以當作遴選這類文案寫手的一種方向。

而如果身爲文案的你擁有敏銳的時事嗅覺，又經常在自媒體上發表對於新聞事件的看法，你的下一步則可以**試著開始練習增加陌生讀者的點擊與回應率**，成爲自己求職時的作品。

受衆非常固定或多元產業的好文案：讀者隨時聽得懂

用讀者聽得懂且喜愛的方式來說話這件事則沒有產業之分，對於每一種文案都非常重要。寫給少女看的文字語氣，和寫給上班族看的文字風格，必定不會相同；用人主管可以先觀察應徵者作品集中的用字遣詞，評估撰寫風格和既有客群的閱讀習慣是否類似，如果越類似則需要的磨合時間也就越少。

而在選擇文案寫手時，若產業的讀者樣貌很固定或者非常多元，就要確認文案寫手是否能夠精準掌握受衆的說話方式，進而達到更好的溝通效果。這時要確認的方向爲二：第一是文案寫手能否完整模擬某一種預期受衆的語氣和閱讀偏好，來鞏固特定族群消費者的黏著度，第二是文案寫手有沒有辦法快速的在不同的書寫風格中自由切換，不斷測試多元的大衆消費者最喜歡的風格，經過A／B測試找到最佳文案撰寫方式。

若你是個想要磨練文筆，擁有隨時變換語氣技能的文案人，你可以試著從模仿小說作品開始進行。因爲小說中經常會有許多個性不同的角色，角色們的說話語氣也會不同，所以透過閱讀與模仿的練習，可以實際感受其差異。除此之外，你還可以多方閱讀不同文學作者的作品，當我們大量閱讀同一個作者的文章，寫作的語氣就會被影響，這時可以觀察自己前後寫法的差異，進行系統化的紀錄後反覆練習，慢慢掌握轉換風格的方式。

廣告公司裡的好文案：令人難忘的創意

需要高度創意的文案，往往出現在正規廣告公司當中，廣告主會要求創意團隊進行高強度的持續思索後，產出一鳴驚人的難忘內容。這樣的需求較少在非廣告行銷爲主業的中小企業碰到，所以企業的用人主管也無須太緊張，不太會出現自己無法評估應徵者創意好壞的狀況。

但如果企業需要的就是大量的創意型態產出，且想要自己培養內部行銷文案團隊時，這時候可以參考應徵者的獲獎經歷、日常寫作習慣、對於創意思考方法的認知，或者請應徵者提出過去最有創意的作品（不一定是最滿意的作品），也可以詢問應徵者平常吸收資訊的來源，還有爲什麼這樣抉擇，可以略窺一二。

不同產業的舉一反三

上面說到的產業當然沒有辦法囊括所有不同的產業領域，但可以透過反思企業的經營模式和品牌策略來確認自己需要尋找擁有哪些技能的文案寫手。

- 寫作速度
- 特定領域主題熟悉度
- 文字風格掌握度
- 創意聯想力

在有預算限制時，可以優先選擇最符合商業經營需求的文案寫手，但隨著同一個人掌握的工具增加，當然聘雇成本也會隨之增加；如果企業需求以特定方向最多，少部分情況下才會出現額外的技能需求，那就以最符合企業日常需求的文案職缺爲優先，特殊專案需要時，再尋求獨立工作者或顧問外援就可以了。

總而言之，文案是爲商業目標服務，不管你是企業單位或者文案工作者，找到最適合自己的合作夥伴才是最重要的。

法則18

用創意方法打造獨樹一格的品味文案

創作和商業文案雖然有「達成目標」這個關鍵性的不同，但其中會運用到的的寫作技巧是相通的；想要訓練自己的文案力，在基本功的部分我們必須正確使用字詞、文法和注意錯別字；下一步，我們可以訓練自己的觀察力，從事件的因果關係中累積自己的經驗與知識，藉以更了解並掌握你的目標受眾；讓品味文案可以從偶一爲之到系統化產出的最後一步，就是我接下來要談的「創意」。

創意

基本功
不要誤用、輕忽你的文字，要讓讀者和你擁有相同的溝通基礎以及舒適的閱讀體驗。

觀察力
人性是所有需求的基礎來源，把「這些人做這些事的動機？作法？目的？」時時當作觀察目標，了解人們的需求。

創意
創意的必要性在於，它是破除認知疲乏的方式，新鮮感才能引發受眾的好奇心。

在這幾年，文案漸漸從廣告的一部分獨立出來受到重視，但說到「寫字」這件事，依然有許多人認爲需要獲得創意和靈感才能寫出令人激賞難忘的文案。

創意與靈感固然重要，**但是更重要的是，知道怎麼把抽象而巨大的「創意」和「認知」概念拆解成步驟來進行，進而收集到能夠使用於文案寫作的場景、物體、情感、字詞等素材。**對於創意初學者來說，我推薦《賴聲川的創意學》這本書，來由創作前輩的身上了解對他來說應該如何從生活中提取創意；也推薦使用者經驗設計協會理事長蔡志浩老師的課程與相關文章，培養多角度看待事物的能力。

四種創意思考法，讓靈感有跡可循

收集靈感的方式有很多，大家可以直接搜尋「創意方法」這個關鍵字，會有許多的資料能讓大家參考。而對我個人來說，我在文案撰寫發想時最常用的創意思考方法有以下幾種：

一：相似與相反

在文案和廣告的創意發想中，譬喻法是最常被使用也最容易被消費者們了解的創意手法。電影《阿甘正傳》中的比喻：「人生就像一盒巧克力，你永遠不知道你會吃到哪一個。」就是使用相似的手法找出要比喻的主體（喻體）和被比喻的事物（喻依）當中的關聯性。

而「相反」指的就是「逆向思維」。包括性質上的轉換（最大的小車），位置上的轉換（烤箱把火源從鍋子下方移到上方），把缺點當作優點（逃避雖可恥但有用）等，來讓受眾產生好奇卻又在閱讀之後能夠認同你的邏輯，就能爲他留下深刻印象。

二・垂直與發散

需要從特定主題聯想相關素材時，我們可以使用英國心理學家愛德華狄波諾博士（Dr Edward De Bono）倡導的廣告創意思考法：「狄波諾理論」。

垂直思考的執行方式爲在固定思考的範圍當中，像是玩接龍一樣，按照同一個思緒走向往上或往下進行垂直路徑的思考。

垂直思考

例如：女生↓甜食↓蛋糕↓草莓↓果園。

發展成女性相關的文案時，就可以這麼寫：「對自己好一點，因為只有妳可以成為自己的草莓蛋糕。」

水平思考則是圍繞著同一個主題進行發散選擇，也有人稱它叫頭腦風暴（Brainstorming），各個素材之間沒有關聯，但是卻跟主題都有關係。

水平思考

例如：女生、撒嬌、長髮、粉色、晴天、海洋、柔軟。

這些主題可以擇一或者混合使用，我一樣把它發展成女性相關的文案：「對自己好一點，讓妳的世界成為一片粉紅色的柔軟海洋。」

三：隨機組合

隨機組合的創意方式，則是在主題之外隨機選擇一個看似沒有關聯的事物，試著把兩者之間的邏輯連結起來合理化，在這個過程中找出特色描述方式。

例如：我現在的主題是蕾絲洋裝，隨機內容是電腦，或許會這樣發展：「有了蕾絲洋裝，生活就不需要超高智慧來武裝。」

用電腦↓高科技↓智慧↓人的聰明才智↓生活需求來組合邏輯，找出創新的切入方式與創意論述。

四：非正規拆解

拆解一個主題時，有序的分析方式能夠有效鍛鍊觀察力，而刻意混亂的拆分則能提升新意。例如我們在描寫一臺車時，一般來說會以車體、車輪、內裝……這樣的方式來拆解，但是我們還可以把它拆解成：車子顏色、倒車雷達、車子價格等，刻意把屬於該主題的元素中次要或者無關聯的元素拆解出來成爲創意訴求，例如：「每個月只要三千元，買下烙印瘋狂的三十歲顏色。」

商業案例分享：抓住群體共感的經驗

這裡我跟大家分享一個例子，是我幫臺灣新創糕點品牌「山木島」執行的案例：

> 前門有河、後山有花，是臺灣孩子們從小留在歌謠裡對於家的想像。
>
> 山野散漫、艷麗芳菲，地處亞熱帶的臺灣一年四季盛放著不同的花朵，過去曾有著花卉王國的美稱，七成以上的內需銷售，更讓臺灣常民的生活中時刻充滿繽紛自然的野趣，小小草花，似是鄰家女孩的印象。
>
> 「山坡上面野花多，野花紅似火」
>
> 臺灣是我們的家，我們的家有著滿山遍野的美麗花朵。
>
> 山木島融合臺灣草本花卉嬌豔平易的樣貌以及人們相聚時的共同情感，打造出分享溫馨的花見餅乾禮盒，小小的白色房子裡，有吃食、有花開。

在這個案例中，我得到的需求限制包括「花、臺灣、喜餅」三個必要元素，我的發想歷程是以上述提到的垂直發想後，在各個垂直脈絡中連結產生：

臺灣↓花卉王國↓各種不同品種的花
喜餅↓結婚↓家庭↓小孩

這時候，我想起了經典的這首兒歌「山坡上面野花多」，並拿來把它當作核心創意。首先，第一個修辭手法是引用：直接使用兒歌當中的歌詞，勾起消費者的共感經驗；接著，我用自己的話把原本的歌詞重新改寫：「我家門前有小河，後面有山坡，山坡上面野花多」的原有歌詞用自己的話重新說之後，就變成「前門有河、後山有花」優雅簡練的描述。最後再加上「是臺灣孩子們從小留在歌謠裡對於家的想像」解釋我們爲什麼要選擇這個意象，完成品牌與典故的連結。

文案撰寫一步步跟著做：引用經典↓個人風格化的改寫↓邏輯統整。

創意是搜集與揀選的過程

我的創意往往不是出現在洗澡、散步或者聽音樂的時間，這些方法常被創意工作者推崇，但我認爲這些方法強調的是「保留不受打擾的個人空間」，從而進一步讓過去累積的資訊發酵來產出創意。我認爲只要能夠讓你進入專注狀態，各種行動都是有幫助的。

就我個人的經驗而言，我更喜歡藉由不斷拓展未知的資訊、讓跨領域觀念之間相互連結來產生創意。對我來說，創意更像是收集衆多的素材之後，精煉且揀選最佳選項的過程——創意像是在海灘搜集星砂，祝各位都能撿到最能夠閃閃發亮的那一個。

一心文化有限公司　Skill 007

高影響力的美感文案學：
教你 FB、IG、YouTube、LINE 上寫出品味變現金的 18 個精準技巧

AESTHETIC COPYWRITING:
18 Exquisite Skills to Turn Sale Slogans into Cash

作　　者　我是文案 — 黃思齊
編　　輯　蔡欣育
編輯協力　蘇芳毓
排　　版　劉孟宗
出　　版　一心文化有限公司
電　　話　02-27657131
地　　址　11068 臺北市信義區永吉路 302 號 4 樓
郵　　件　fangyu@soloheart.com.tw
初版一刷　2021 年 7 月
初版二刷　2021 年 12 月

總經銷　大和書報圖書股份有限公司
電　話　02-89902588
定　　價　380 元

國家圖書館出版品預行編目 (CIP) 資料

高影響力的美感文案學：教你 FB、IG、YouTube、LINE 上寫出品味變現金的 18 個精準技巧 / 黃思齊著．初版．臺北市：一心文化有限公司, 2021.07
256 面；14.8×21 公分．(Skill ;7)
ISBN 978-986-98338-9-9(平裝)
1. 廣告文案 2. 廣告寫作

497.5　　110007963